權威領袖！

上司仗勢
下屬重視

SUPERVISOR

杜絕搞小團體、挖掘無用人才、
壓制搞事員工、合理分配怪才，
27招主管馭人術，從此用人不受拘束

郭繼麟 ——編著

想要友好相處，卻養出囂張下屬？只顧建立威信，竟讓員工不敢呼吸？
難搞人物搞不定，必會危害到公司利益？

身為一名經營者或管理者，最重要的工作就是「管理人才」
想帶領企業一路走向顛峰，知人善任就是最必備的基礎能力

本書將帶領你一步步掌握用人、管人、馭人技巧與策略

目錄

CONTENTS

第三章　嚴謹的管理態度，讓難搞人物難挑剔

前言

在任何的企業中總是會碰到那些難搞的員工：心高氣傲、倚老賣老、不務正業、怨天尤人、投機取巧等，這些員工往往不僅難以做好本職的工作，而且還會影響到整個企業的良性發展。

如何做成功的上司？如何能管理好這些令人頭痛的難搞員工？這是許多企業上司內心非常渴望知曉的。

一個上司能管人、會用人是最高的能耐，尤其是能夠對付這些難搞的員工。身為上司，擅於用人，有一雙伯樂慧眼，能做到知人善用、人盡其才，匯聚眾人之力，才能讓事業蒸蒸日上。能管人者，能洞悉人性，看透員工的稟賦，因人而異，施展手段，讓員工們心悅誠服、忠心耿耿，收斂起那些惡習毛病。也只有這樣，作為上司，才能垂拱而治，高枕無憂，成功與財富便會自動送上門來。

管人用人之術是一門深奧的學問，曾經有一位著名的企業諮商師說過：「根據我們的經驗，企業中高層領導者所欠缺的不是藝術，而是技術，是管理的基本方法和技術，包括如何接受上級的指令、如何向上

PREFACE

級提出意見、如何布置任務給下屬、如何與客戶進行溝通、如何授權、如何談判、如何了解員工的心態並有效地激勵他們、如何透過自己的專長影響下屬、如何有效利用時間、擺脫工作中的繁忙狀態等等。」

事實上，很多事情不是因為上司們不明白，而是因為上司們不知道該怎麼做！有些事情，就算是明白了，也不見得能做到做好，尤其是管理那些企業中的難搞員工的時候。

管人用人，都要擁有揣摩人性、掌握人心的本領。職場中的人會把自己深深地隱藏起來，如何才能看出下屬的真才實學，又如何讓他們在職位上發揮最大的作用？如何做到既令行禁止、威嚴有度，又和藹可親、平易近人？如何才能讓那些難服管理的員工，踏踏實實地為企業奮鬥？

很多人窮其一身都無法找到其中的要訣，或是疲於奔命，或者因為用錯了人而滿盤皆輸，或者是無法駕馭手下的員工，而陷入了人際關係的泥潭，四處碰壁，寸步難行，甚至是丟掉了自己的高層之位，或是事業難以成功。

為了避免這些情況的發生，為了讓上司們駕馭、

管理此刻正讓自己頭痛的那些難搞員工，更是為了讓企業有個健康、和諧的發展方向，上司們迫切地需要一些駕馭處理這些難搞員工的方法絕招。

為此，本書特意從上司管理的七個方向，綜合歸納了幾十種難搞人員的原型，並且分門別類地，用清晰明瞭的例證，言簡意賅的語言，闡述了對付這些難搞員工的技巧和方法。書中沒有難懂的理論、刻板的術語，而是從實際中的問題出發，結合真實、生動的實例，將管人用人的絕招傳授給你。

這些絕招簡單易行，便於借鑑，直接面對身為上司所面對的管理問題，可以解決你在工作中所遇到的難題。並且，在實踐這些絕招的過程中，你將融會貫通，領悟管人用人的祕訣，掌握一個上司的看家本領，不僅能夠建立起良好的人脈關係，而且必然使事業成功，企業不斷的發展壯大！

深信如果讀者朋友們認真潛讀本書後，一定能夠從中受益，一定能夠領悟和掌握員工管理的精髓、員工管理的方法，使自己成為一名優秀的管理者！

PREFACE

第一章
樹立必要的權威，讓難搞人物有敬畏

在一個企業裡，一個上司著少則幾名、多則數上百上千名員工的上司，自然是有著與眾不同的身分。身為一名上司首先應該樹立起自己的威信，要有一名上司的氣勢，充分發揮自己的才能與魅力，在工作的各個方面做好表率作用。既不失上司的威嚴，更能讓員工們敬佩臣服。這樣，才能讓那些企業裡的難搞人物有所敬畏。

要有上司的架子，讓高傲者低頭

在企業裡，高傲、囂張、不遵指示的員工管理往往是讓上司頭痛的事情，這些人一般之所以會高傲不服從上司的指示，往往是仗著自以為優異的才能，把上司不放在眼裡。這個時候，身為一名上司就應該樹立權威、擺出架子，同時發揮出個人才能與魅力，讓這些高傲、囂張者甘心低頭。

平日我們總是強調，上司的能力比什麼都重要，其實不盡然。要想成為一個優秀的上司，除了自身擁有超群的實力外，更重要的是要有非凡的領袖氣質。這種領袖氣質，也正是我們通稱的威信或者是權威。

一個上司要取得追隨著的支持，權威和威信是非常重要的。沒有權威和威信的上司，可以說甚至比一個普通的老百姓都還要糟糕。因為，普通的老百姓只要做好自己的事情就可以了，不用借助威信來帶領別的人去做什麼。但是，上司卻不同了，上司沒有威信和權威，又如何能讓一個人 —— 尤其是那種高傲、囂張的員工來做事情？

因此可以說，威信對於一個上司來說是非常重要的，尤其是要處理好那種高傲，認為自己才華橫溢，老子天下

第一的難搞員工，倘若上司沒有一點點的威信，那麼分配給他們的工作要不然會找各種理由推諉，要不然就是拖著不動，最後導致的結果是：輕則工作任務遲延，重則擾亂企業整體計畫。

所以，有人用「上司＝實力＋威信」來概括現代企業經理的特徵，非常具體說明了實力與威信是構成上司能力的要素。

「威信」可以說是上司頭頂的光環。如果失去了它，再有能力的上司在員工面前也顯得一無所有。因此，要想成為一名優秀的上司，或是想獲得高超的駕馭員工的能力，尤其是在面對那種高傲的、平時就難以搞定的員工時，那就更必須得擁有魔鬼般的權威和威信。而身為一名上司，有時候適當地擺出上司的架子，正是樹立自己權威和威信的最有效方法。

下面王超的這個例子，便很好地體現了這種樹立權威和威信的方法所發揮的作用：

王超因為業績突出而被上司破格提升為部門經理，在同級的上司層中算是最年輕的一個，他也暗下決心，一定要把所在的部門帶出成績來，對此他很有信心！畢竟在自己的下屬中，有好幾個都是過去曾一起打拚的夥伴，其

中，劉剛可以說是整個公司的中流砥柱。

　　起初王超也沒在意，根本無意保持和這些朋友們一定的距離，因為他一直都很討厭沒事就擺架子的上司，所以發誓自己做上司絕不會這樣。但是久而久之他就發現了問題，手頭有什麼工作很難指揮下去，人員調配也不是那麼得心應手，總覺得礙著一層面子，什麼事都不好做。尤其是原本就不服他升遷，並且因為自己的才能有一種高傲優越感的劉剛，更是有事無事的找碴。礙於之前都是好朋友的份上，有時候王超也只能是睜一隻眼閉一隻眼，有時找劉剛談話，結果卻被高傲的劉剛挖苦一番。

　　後來，王超開始刻意與下屬拉開距離，不再像過去那樣進行好友式的相處。對此，他的那些夥伴完全不能接受，覺得王超變了，地位高了，連朋友都不要了，尤其是劉剛更是煽動大家跟王某絕交。

　　但王超覺得自己只是出於管理上的考慮，並且真誠的向大家說明了原因，雖然還有許多的朋友無法理解，但事實證明，一段時間後，王超的做法是對的，他的下屬終於開始服從他的調配了。而劉剛也在大家的影響和王超威信的壓力下，也不再故意為難王超了。

　　如此看來，上司有威勢是不可小覷的，尤其是在工作

任務的安排上。

　　許多上司最頭痛的便是事無巨細都要親自處理。他們更希望自己能抽出時間和精力來處理大事。而像上面王超之前那樣沒有架子、隨和的態度會使員工產生一種錯覺：這個上司好說話，是不是讓他幫我解決一下我的問題？長此以往，勢必會使員工抱著僥倖的心態來請求上司事必躬親，而一旦不能滿足就會心生怨恨。

　　尤其是像王超那樣，許多員工都是自己之前的好朋友、好夥伴，從而使員工對他的秉性和才能都很了解，並且根據他的喜怒哀樂來調整與他相處的方式，進而順著他的好惡來為自己謀取利益。這樣，會在不知不覺中，被員工的意志所操控。尤其是對於劉剛那種本身就高傲的員工，不顯出一定的威嚴，昭示出自己的上司身分，他又豈會乖乖就範。

　　有些上司毫無權威而言，疑難問題不會處理，而對下級，尤其是那種囂張、高傲、不服管教的下級不敢管，而命令無人執行亦不敢追究。這樣的上司，一旦工作變動，必然是投訴信和烏紗帽齊飛。

　　因此，對於上司有時很需要利用自己的權威，適當地來擺擺「官架子」。

　　同時，官架子還可以掩飾上司能力的不足。沒有一個人是全能的，如果你在員工面前暴露過多，完全和他們坦然相見，過於「深入到人群中去」，你的缺點和優點就會同時被員工了解。

　　但員工往往是看不到或很少看到你的優點，而經常會在背後議論你的缺點。就好似劉剛始終認為自己的能力完全高於王超，而自己卻沒有得到升遷，當然不會服服帖帖的來完成任務了。

　　事實上，早在幾百年前，義大利的政治學家馬基維利（Nicholas Machiavel）就曾做過精闢的闡述，他說：「君主應透過種種手段，甚至包括表面上的裝腔作勢和耍花招來獲得別人的尊重、愛戴和潛在畏懼。」

　　西方有句諺語說：被發現就是被主宰。如果上司的缺點也暴露在員工面前，就很容易被居心叵測的員工掌控，進而很容易被影響利用。如果上司暴露的太多，被員工充分了解，他們便沒有了敬畏之心。

　　所以，身為上司，最好不要暴露自己，擺一擺架子，要有一股上司所具有的權威，增加與員工的距離，減少接觸，為自己製造一種神祕感。

凡事都身先士卒，讓抱怨者住嘴

說得好不如做得好，上司要讓員工會一個，那他首先應要會十個，這樣，才能夠服眾，才能夠堵住抱怨、不滿者的嘴巴。

俗話說得好：「與其喊破嗓子，不如做出樣子。」有時候，理論的說教對於員工來說作用並不大，而威脅、恫嚇也許能奏一時之效，但這都不是立威服眾的最好辦法，尤其是面對一些常常抱怨的員工。

這些人往往認為自己每天做的事比任何人都要繁多、都要累，自己分到的工作永遠都是最難做的，自己的職位永遠都是最艱苦的，而自己的上司卻是整天高高在上，什麼事情也不用做。

上司不做不等於不會或者不行，只不過是分工不同罷了。有什麼樣的上司就能帶出什麼樣的團隊，正所謂「強將手下無弱兵」，有時候上司的表率作用要比發號施令管用得多。因此，值得辦公室上司提倡的一個方法就是：靠身先士卒來立威。

事實上，在企業當中，上司唯有以身作則，用自己的實際行動來帶動員工，這樣在指揮員工、分配工作或者是

收買人心、嚴明紀律的時候，才能夠收放自如，樹立起自己的威望，才能夠讓那些整天抱怨者了解到自身錯誤，從而從天天抱怨轉換為懂得努力務實。

在企業裡，上司剛開始的威望更多只是權力賦予的，在未展現個人的魅力與才能之前，自然是有許多的員工有所不滿。因此，如果上司能夠身先士卒，帶領員工們從一個勝利走向另一個勝利，那麼上司的威信自然就會越來越高。

而對於那些常常對工作安排抱怨的員工，也自然能夠清楚地意識到自己的不足。下面的這個故事則很好的說明了身為上司做到身先士卒所發揮的重大作用。

日本的一名著名企業家盛田先生認為，只有上司以身作則，才能在員工中樹立威信，並最大限度地激發員工的工作熱情，改變一些不良作風員工的處事態度。

有一段時間，盛田先生總是聽到一名業務員抱怨，說是其他的業務員之所以能夠成功完成任務是因為主管給他們分配了公司的一些老客戶，而自己每次都被分配一些新的客戶，而且大多數都是一些很難溝通的人物。

自己每天都辛辛苦苦地到處奔波，別的業務員只是輕輕鬆鬆地打個電話就可以了。他感覺，這一切對他來說

都是太不公平了。尤其是公司最近給他的一筆生意怎麼也做不成，那位買方的課長經常外出，多次登門拜訪都撲了空。

盛田先生聽到這位員工的抱怨之後，沉思了一會，然後說：「是嗎！請不要洩氣，等我上門試試。」

第二天，盛田先生親自來到那位課長的辦公室。果然，也未能見到那位課長。但他並沒有馬上告辭，而是坐在那裡等候。等了大半天，那位課長才回來。當他看了盛田先生的名片後忙不迭地說：「對不起，對不起，讓您久等了！」

盛田先生毫無不悅之色的微笑著說道：「貴公司生意興隆，我應該等候。」

事實上，那位課長明知自己企業的交易額不算多，只不過幾十萬日元，而堂堂的一個大企業的董事長親自上門進行洽談，覺得賞光不少，於是很快就談成了這筆交易。

盛田先生的成功，不僅讓那位抱怨的員工感到慚愧，而且鼓舞了其他業務員的士氣，同事也極大地提高了他在公司員工中的威信。

事後，盛田先生還專門找到了那位業務員，告訴他公司之所以給他派一些新的客戶，不僅是對他才能的考驗，

同時也是對他發展的一個鍛鍊。因為他本來在外交上就有一定的優勢，充分發揮他的才能，才能讓他的事業更好的發展。

而且，每次發展一個新的客戶，根據生意額度的大小，都會有額外的獎金，而對於那些聯繫的老客戶獎金則遠遠沒有那麼多，因此他上個月的薪水並不比其他人低。

聽了盛田先生的話後，這名業務員深有感觸，在以後的工作中再也沒有抱怨過，勤勤懇懇的工作一年之後，就做了相關部門的經理。

事實上，這家公司之所以能夠從一個小公司躋身於大企業當中，與上司的以身作則、身先士卒是分不開的。正是因為盛田先生這位最高上司的這種作風，在公司裡形成了良好的風氣，讓每一個員工都找不到抱怨、不好好工作的理由，才使企業走上了快速發展的軌道。

當公司發展壯大以後，上司依舊要保持自己身先士卒的優良傳統，做好自己的表率。但這個時候，所採取的措施就和之前有所不同。之前可以親自實踐相關工作，但現在整個公司已經有了足夠才能的員工，所以這個時候上司的表率作用則更多地體現在想員工所未想、確立團隊的工作計畫和發展方向，以及搭建整個公司的基本框架並設計

策略規劃等方面。

　　要讓整個公司上下一心，毫無怨言，上司也應該將自己的理念成功的傳遞給團隊的每一個人，讓大家確定你所帶領的方向是正確的，讓那些有怨言者沒有抱怨的機會，這樣長此以往，上司的威信也就自然會建立起來。

　　在我們的工作過程中，會不可避免地出現各式各樣的問題，甚至出現扯後腿的人。身為上司要想推動工作，激發起員工的熱情，促使他們努力的工作，最好的辦法就是用自己的「激情」去帶動員工，從而推動整個工作的進展。

　　試想，身為上司，如果自己都沒有做好的事情，又怎麼能期望員工去做好，不去抱怨呢？而如果員工看到自己的上司每天都在不辭辛勞地工作著，他們又怎麼還會有什麼怨言，還能不盡心盡力地做好工作呢？

　　所以，在公司中，每一位上司的一言一行都不是個人的事情，都是會受到員工們的時刻關注，而且影響著員工們的工作態度。因此，身為一名上司要有良好的價值觀，隨時留意自己的一舉一動，留意員工對自己行為的評價，以身作則，感染員工，擔當起員工們的模範，樹起自己的威信，才能做好管理之職，也才能讓那些常常因為工作而抱怨的員工閉嘴。

合理改善管理制，讓拖延者自律

企業上司對一個企業來說有著決定性的作用，目前，大多數企業的上司都精於業務，偏重經營，強調業績，而疏忽管理，從而導致部分企業發展緩慢或停滯不前，甚至經營壽命不長。

儘管他們也知道制度管理的重要性，並建立了各種制度，但往往不能持久地執行，有時制定制度者竟然成為率先破壞制度的人。因此，要想讓整個企業健康全面的發展，要想讓一些常常帶有惡習的員工自律起來，身為上司首先就應該及時的改善舊制度的不足與缺點，並且堅持用完善的規章制度來辦事，才能夠更好的處理一些員工的惡習，同時也能夠樹立起自己身為一名上司所賦予的權威。

工作效率不高、管理效能不足是很多企業的通病，而作風懶散、工作拖沓、效率低下幾乎可以成為當下很多企業員工的顯著特點。究其根源，不僅是因為這些員工缺少更多的憂患意識，更主要是這些企業管理體制陳舊，不能夠應對新的辦公環境所出現的種種問題。

許多的員工仍然抱著鐵飯碗，吃穿不用愁的思想在老牌大企業裡的。這個時候只有及時合理改善舊制度，才能

改善這些惡習，提高員工的工作效率，杜絕拖拖沓沓的工作作風。

現代企業大多都在網路發達的環境中辦公，浩繁的資訊容易使人無法將精力完全集中在一件事情上。例如一些員工在整理資料時，就會被好友聊天、新奇新聞所吸引，不經意就會浪費很多工作時間。此外，當面臨的工作過多，或者有一定難度時，人們總是趨向逃避或懷疑自己的能力，就會一直拖延下去，這都是「工作拖延症」產生的原因。

面對新的發展以及辦公環境，只有深入的尋找員工工作拖沓的主要原因，然後合理的改善舊體制，準確的解決員工問題，才能提高工作效率，使企業快速發展起來。下面的這些例子則說明現代員工處事拖沓的一些原因。

張強是某廣告公司文案策劃員，自去年大學畢業開始工作後，幾乎每天都比同事晚走一兩個小時，但年終卻沒有得到上司的認同和讚揚。不久前，還因為未能按時完成任務被上司批評。

而在某電子科技公司工作的職場新人林濤則反映說自己的工作拖延症尤為嚴重，在家工作時，自己往往會先看網路小說、瀏覽網頁，再玩玩遊戲，直到最後一刻才不得

不開始工作。

　　一位報社的編輯也抱怨說，現在部分職場新人為表現自己，往往爭奪很多工作，但行事拖沓，導致最終難以完成任務。而據人才市場的相關工作人員介紹，很多企業都反映說，現在職場新人都較為自我，上班遲到、玩遊戲是經常發生的狀況。

　　其實，員工的工作效果和他們的時間付出成正比。很多年輕的員工不明白這一點，總相信自己的聰明才智而不相信時間的付出。這種工作效率低、成果少的現象在職場新人身上普遍存在，關鍵在於他們沒有把工作當作生活的主體，也還沒有學會如何合理地利用時間，從繁複的工作任務中理出清晰的頭緒，減輕工作負擔。

　　因此，許多人知道馬上要交策劃方案，卻還在玩網路遊戲、在部落格上放照片、在各大論壇看文章……直到最後一刻才不得不開始工作；白天本來可以完成的工作，一定要耗到晚上，甚至隔天早上。近期，有很多白領階級的職員都反映自己正受著「工作拖延症」的困擾。

　　針對以上情況，某公司的總經理李文治及時改革了自己以往的舊體制，從更多細微處入手，制定更為詳細的賞罰規則，制定合理的上下班時間等，以對付現在辦公環境

所造成工作拖沓的惡習。

　　同時，他還在公司開設了時間管理課程，其中包括了如何尋找時間浪費點、如何分配工作時間以及怎樣消除心理因素對工作的影響等內容，甚至連一些電影、電視中的做法也會被吸收到課程中，達到寓教於樂的效果。

　　李先生認為，合理安排時間最重要的是學會為工作排序，分清主次，重要任務優先處理，以避免因工作過多引起的惰性和恐懼情緒。其次，還要制定緊湊而規律的時間表，並按照時間表堅決實施。

　　對付一些惡習的員工，並不是一味地放鬆，睜一隻眼閉一隻眼，有時候積極的採取一些措施是非常必要的。倘若公司對員工好了，但是員工工作拖沓，這就是管理問題。制度的不嚴謹和漏洞的存在都會產生這種問題。

　　作為企業要制定嚴格的制度，而且有關規章獎懲都要透明制，企業跟員工之間是個僱傭關係，要配合好才能更好地發展，員工個人的收入也會增加。只有員工的個人收入增加了，才會積極地去為公司做事。下面的這個例子很好的說明只要積極採取一些措施，才能及時改觀員工拖延不前的毛病。

　　劉剛在一個汙水站上班已有半個月了，在這半個月

裡，酸甜苦辣五味參雜，棘手的工作，散漫的員工，使得他原有的工作計畫全部被打亂，許多工作不得不拖延，讓他很沮喪。好在還有上司的信任和支持，不管有多大的困難還是要積極面對，努力克服！

他認為當前汙水站首要的問題還是工作效率太低。工作效率這麼低的原因並不是因為員工做不好，而是在工作過程當中拖沓造成的。有事情大家不是積極主動去做，而是能拖就拖，吩咐一兩次根本沒用，就是不動，只有催得急了，才去動手，即便動手去做了也是心不甘情不願，臉色難看拖拖拉拉。把原本很簡單的工作搞得複雜繁瑣。

相反，如果是高層主管親自過問吩咐下來的事情，解決得速度和效果都頗為讓人滿意。實在是讓人啼笑皆非！

前段時間，汙水站正在改造，和一家環保公司員工共事，不用比較，一眼就能看出差距。這個環保公司的員工只要是在工作中便很少休息，最過分的也只是抽根香菸，但即便是抽菸，他們手中的工作也不曾停止。而且他們的工作分工明確、井然有序、乾脆俐落，這樣的工作狀態，效果當然也很高。

結果就是人家的工作早早地就完成了，而他們這邊本來一天應該完成的工作卻用了四天，配合不好人家的工

作，跟不上人家的進度，導致整個改造工作滯後，這種工
作效率讓對方公司的總經理都感到驚訝！

　　為此，劉剛積極向對方公司取經，並且透過和上面上
司的多次協商，最後重新制定完善了員工的管理制度，在
新的制度中更多的增加了一些獎懲方面的規則，採取更為
嚴厲的優勝劣汰制度。並且在未來的工作當中，嚴格按照
新的制度進行，在辭退了幾名員工之後，原本拖沓不前的
工作風氣一下子就改善了過來。

　　只有發現問題，並且及時的解決問題，才能夠使企業
更加健康快速的發展起來。現代科技日新月異，辦公環境
以及人們所接受的資訊也不斷在變化當中。作為一個企業
的上司，只有及時的制定合理的管理制度來應對種種新產
生的問題，才能夠應對各種各樣新的挑戰。

　　正如思科公司董事長約翰‧錢伯斯（John Chambers）
所說：「一流的企業培育高效能員工；高效能員工造就一
流的企業。」因此，上司只有合理改善管理制，遏止員工
拖沓惡習，讓員工們都高效運作起來，才能使得整個企業
高效的運轉起來。

控制好自己情緒，讓火爆者自省

在企業裡，一個高層主管情緒的好壞，甚至可以影響到整個公司的氣氛。如果上司經常由於一些事情控制不了自己的情緒，有可能會影響到公司的整個大環境。而同時，如果有一兩個動輒就亂發脾氣的員工，同樣也會影響整個團體的安定與整體的大環境。

這個時候，倘若上司常常用火爆的脾氣對付那些火爆脾氣的員工，不僅工作做不好，反而會將整個公司當成了「戰場」，結果不僅是兩敗俱傷，付出相應的代價，而且還會影響到整體公司的氛圍和聲譽。

從這個意義上講，一個上司的情緒已經不單單是他自己私人的事情了，他會影響到員工及其他部門的員工。所以，一個成熟的上司，應該是一個喜怒哀樂不形於色的人。

因此，一個優秀的上司必須精通克制自己情緒的方法。不管遇到什麼樣的挑戰和壓力，都能夠保持冷靜和沉著。即使是員工在工作中出了錯或者違反了企業規定的情況下，或者是遇到脾氣火爆的員工在辦公室故意鬧事的時候，也不應用強勢的態度立刻表現出自己的憤怒，因為自己的大吼大叫於事無補，還會破壞和員工之間的親密關係。

一個在關鍵時刻保持冷靜的上司，會給他的員工留下沉著、有魄力、處變不驚的印象，從而贏得員工的擁戴。反之，如果一個上司遇事不能克制自己的情緒，就會在員工的心中形成不良印象。尤其是遇到一些脾氣火爆的員工，控制好自己的情緒，避免衝突進一步的升級是最為穩妥的方法。

在這一方面，林肯就做的極為突出、有效。

有一天，陸軍部長史坦頓（Edwin Stanton）來到林肯那裡，氣呼呼地對他說一位少將用侮辱的話指責他偏袒一些人。林肯建議史坦頓寫一封內容尖刻的信回敬那傢伙。

「可以狠狠地罵他一頓。」林肯說。

史坦頓立刻寫了一封措辭強烈的信，然後拿給總統看。

「對了，對了。」林肯高聲叫好，「要的就是這個！好好訓他一頓，寫得真好，史坦頓。」但是，當史坦頓把信疊好裝進信封時，林肯卻叫住他，問道：「你要幹什麼？」

「寄出去呀。」史坦頓有些摸不著頭腦了。

「不要胡鬧。」林肯大聲說，「這封信不能發，快把它扔到爐子裡去。凡是生氣時寫的信，我都是這麼處理的。寫這封信的時候你已經解了氣，現在感覺好多了吧。那麼

就請你把它燒掉，再寫第二封信吧。」

「驟然臨之而不驚，無故加之而不怒」，是上司必備的修養。用隱忍代替怨氣，以理性克制怒氣，想當然，這套功夫，在管理學上叫「情緒管理」。

林肯控制情緒的方式不失為培養自我監控能力的一條有效方法。同時，也自然會使史坦頓豁然自省——自己用這樣火爆的脾氣，用尖刻的話語寫的這封信，如果寄出去定然又會是一場風波，並不能給自己帶來好處，反而會給自己惹來更多的麻煩。

有時候，身為上司在面對那些火爆脾氣或是意氣用事的員工時，尤其需要冷靜處理，不管這些員工針對的是誰，都要像林肯一般懂得良性的誘導，用自己溫和的心態，冷靜的情緒使對方豁然自省。如此，不僅可以化解一場風波，還可以讓員工對自己產生敬畏，提高上司的威望。

想獲得成功，就必須擅於控制情緒。沒有一種勝利比戰勝衝動情緒更偉大，因為這是一種意志的勝利。

身為一名上司，面對火爆脾氣的員工，只有先克制住自己，拿出上司的風度來妥善處理，才能保持整個團隊的穩定團結，同樣也才能使脾氣火爆的員工學會自我了解。

在這一方面下面故事中的劉智則做的尤為巧妙。

劉智當年剛剛升任主管的時候，部門裡有一個員工脾氣特別火爆，他的手邊總是端著一個茶杯，和別人討論工作的時候，一著急就會什麼也不顧的連水帶杯砸向對方，很多員工都曾讓他潑過一身的水，可他天生就是這麼火爆的脾氣，也沒辦法跟他較真。

這名員工從此也越來越桀驁不馴，不服管理且各行其是，誰也無可奈何。

等到了劉智擔任主管的時候，給他安排工作，不料他完全不聽，居然與劉智吵了起來，劉智只不過解釋了兩句，就被他連杯子帶茶水砸了過來，搞得劉智當時說不出的狼狽。

劉智當時雖然很生氣，但是還是強壓了心中的憤怒，冷靜的思考著整個事件的緣故。並且調查了一下這個員工，發現他以前也是一個老實本分的人，只不過後來他發現這種逆來順受的性格無法保護自己的利益，於是性格越來越乖戾，個性溫和的同事都不願意跟他計較，他嘗到了甜頭，從此就把自己定位在一個火爆脾氣的位置上。

事實上他每一次動手打人都是精心考慮過的，根本不是什麼控制不住自己的脾氣。發現了這個情況之後，劉智

就準備了一副拳擊手套，借部門裡組織活動的機會，引誘他和他進行拳擊比賽，然後狠狠地揍了他一頓，打得他鼻青臉腫沒辦法吭聲。

此後，劉智每次對他布置工作的時候，就有意把那副拳擊手套放在桌邊，故意漫不經心的擺弄著，讓他一見到那副拳擊手套就心有餘悸，再也不敢跟劉智動手了。

事實上，那位員工也早已經發現，正是因為自己火爆脾氣的緣故，他跟整個公司的同事關係都很糟糕，有時候自己遇到工作上的困難時，人家本來可以幫忙的，但因懼怕他那火爆脾氣而不願意接近他。所以，自從他被劉智給「教訓」過後，就再也沒有在辦公室亂發過脾氣。

劉智利用拳擊的手段之所以能夠奏效，是因為他面對這類火爆脾氣的員工並沒有以「爆」抗「爆」，而是及時調整好自己的情緒，找出員工問題的癥結，然後從根本來解決這個問題。因此，面對脾氣火爆的員工，身為上司更應該控制好自己的情緒。全面了解員工，尋找並解決掉最根本的癥結，才是解決問題的最終途徑。

由此也可以知道，上司擅於控制好自己的情緒，冷靜應對處理任何矛盾，往往是立於不敗的最佳方式。下面的這些例子告訴我們，只有控制好自己的情緒，才能更好的

處理事情。

諸葛亮最後一次北伐，老奸巨猾的司馬懿和他對壘100多天始終是閉門不戰。諸葛亮為了激怒司馬懿，送來女人的衣服、頭巾、髮飾，意即羞辱司馬懿像個女人，沒有男子氣概。司馬懿也曾動怒，但他最終控制了自己的情緒，只要冷靜，什麼都可以思考清楚了。管理好了自己的情緒，對付眾將的情緒就好辦了。

司馬懿的可貴之處在於他能很好地控制自己的情緒，面對侮辱，他沒有動怒，而是表現得坦然大度，這使得他戰勝了諸葛亮，贏得了勝利。

而張飛，卻是經常鞭笞士卒，劉備勸他不要這麼做，他不以為然。打者無心，挨者有意。於是，其部下趁他熟睡之際砍了他幾刀，雖是豹眼圓睜也無濟於事。如果張飛懂得情緒管理，萬不會落得如此下場。

控制不住情緒的損失往往可能無法彌補，可能從此失去一個好朋友、失去一批客戶、失去一個得力的助手，甚至是丟掉自己性命！而且，在員工眼裡的形象也會受到損害、降低威信。因此，當上司面對火爆脾氣的員工時，更要擅於控制情緒，時刻保持冷靜，妥善處理事情，或者將事情冷淡化再處理，或許將會得到更好的效果。

適當的進行授權，讓自負者自知

在企業當中，難免會有一些自負的員工，總是認為自己的才華無人能比，自己的策劃專案就應該是最好的，自己總是比別人都要高等，即使是自己的上司也未必有自己的才華以及能力。總之，這些人總是認為自己的一切都要比別人更加的優秀，總是誰也不服氣。

自負的員工無論做什麼工作都不把別人放在眼裡，總是認為自己的方式是正確的，有時候連自己的上司建議也是絲毫聽不進去。對於這類的員工，作為一個上司可以適當的授權，讓這些自負者適當的發揮，只有當他們碰到了挫折，了解到自己的錯誤，才能讓他們有自知之明。

事實上，一個聰明的、擅於管理的上司是不會事必躬親，而是擅於調動員工的智慧和才幹，使其各司其職、各盡其責。韓非子說：「下君盡己之能，中君盡人之力，上君盡人之智。」對於那些向來自負者，適當的放權，讓其對自己的才能、為人有更加清晰的認知，對其的自負毛病的改善未嘗不是一件好事。

需要提別注意的是，對於這些自負者不能太過授權，要懂得有效的控制。換句話說，就是大權緊握手中，小權適當授予，這是上司用人的一個訣竅。

　　日本松下公司的創建者松下幸之助認為，個人的才幹與能量都是有限的，只有讓每個人各司其職，充分施展才能，公司的管理才能健全運轉。因此，從創業之初，他就對所屬部門進行授權，把公司的管理按適當的規劃，分為一個個相對獨立的事業部。

　　松下幸之助說：「公司繁榮時期，管理者應默默支援，不要干預員工的工作。當遇到困難時，管理者便應親自指揮一切！」正因為如此，松下公司上上下下的員工都能明確自己的職責並努力工作。

　　這樣，既鍛鍊了企業裡的那些自負的員工，讓其認為自己的才華終於有所發展，對上司懷有感激之情，而當他們遇到挫折困難的時候，管理者才親自指揮一切的策劃，又讓他們對自己的才能有了明確的認知，同時上司這個時候的明確指揮，讓他們對上司又產生一種敬畏之心，在以後的工作當中，自然更會懂得用其所長，避其之短，放下自負高傲之心。

　　下面例子中的這位資深編輯所遇到問題，就充分的說明了有時候光有才能，而沒有正確的發揮會適得其反。

　　有一家雜誌社的上司，經過朋友的介紹僱用了一位在業界頗有名氣的美術編輯，這名編輯頗有才華，只是他創

作的作品大多偏向於古典，與這家潮流型的雜誌方向有些不符，但這位編輯自負於自己的美術才能，不聽從其他編輯的建議，剛一接手就大變雜誌風格，結果出了幾期，銷售量急劇縮水。

不得已，上司又趕忙聘請了幾名剛出校門的大學生做編輯，這些大學生對版面設計進行了各種創新性的嘗試，並且提出了許多創造性的設想。讓雜誌重新迎合了潮流主題，而且更加新穎有趣，才使得雜誌的銷售情況逐漸好轉了起來。而那位古典型美術編輯由此認識到自己的錯誤之後，在改變自己的畫風、適應雜誌風格的同時，更是透過自己廣泛的人脈關係，將雜誌推向了一個新的巔峰。

自負者往往喜歡否定別人，而盲目地肯定自己。既然不服別人，何不適當地讓他試試，讓他自己清楚地認識到自己究竟有多少能力。

事實上，要想成為一名優秀的上司，想使自己的公司不斷的成長，就必須學會運用好公司各種各樣的人，對於一些有才華有能力，但是自負高傲的員工，就有理解「一手軟，一手硬，一手放權，一手控制」的授權之道。

懂得適當的授權，但更應該懂得適當的控制。摩托羅拉的總裁高爾文（Paul Galvin）就因為沒有及時的控制而曾

吃過虧。

摩托羅拉創始人的孫子高爾文接任 CEO 時，因為有許多的老員工曾經都做出過巨大的成績，所以普遍都變的有些高傲自負，高爾文是一位懂得馭人之道的 CEO，於是採取充分授權政策，讓高級主管充分發揮能力。

然而自西元 2000 年以來，摩托羅拉的市場占有率、股票市值、公司獲利能力連連下跌。摩托羅拉原是通訊器材界的龍頭，市場占有率卻只剩下 13％，諾基亞則占 35％；股票市值一年內縮水 72％；西元 2001 年第一季度，摩托羅拉更創下 15 年來第一次虧損紀錄。

產生這個結果的最大原因，就是因為這些高級主管們過於自信，同時高爾文過於放權，拖延決策，不能及時糾正員工出現的問題。

有一次，行銷主管福洛斯特向高爾文建議，把業績不好、向來自負的廣告代理商撤換掉。但高爾文對這位廣告的負責人非常信任，所以遲疑了很久，表示應該再給對方一次機會。結果拖了一年後，這位廣告商持續表現不佳，高爾文最後才同意撤換。

充分授權本是好事，尤其是授權給一些有才能的員工，但是對於那些過於自負而出現差錯的員工，發現錯誤

後如果還拖延糾正、優柔寡斷，對企業是有非常大的殺傷力的。

摩托羅拉曾推出一款叫「鯊魚」的手機。還在討論進軍歐洲的計畫時，高爾文就知道歐洲人喜歡簡單、輕巧的機型，而鯊魚體型厚重而且價格昂貴，高爾文卻只問了一句：「市場調研結果真的表明這個專案可行嗎？」行銷主管說：「是。」並且保證一定能夠取得好的銷售業績。

高爾文也就沒有再進一步討論，而讓經理人推出這款手機。結果「鯊魚」手機在歐洲市場節節敗退。

還有一次，摩托羅拉高層主管們公開宣布，要在西元2000年賣出1億部手機，事實上一些銷售部員工幾個月前就知道這一目標根本不可能實現，只有高爾文還不清楚發生了什麼狀況，最後當然是失敗。

一直到2001年年初，高爾文才意識到問題嚴重，他害怕摩托羅拉的光輝斷送在他的手上，於是開始進行調整。他把組織重整，並開始每週和高層主管開會，改變自己「過於放權」的作風，才扭轉了摩托羅拉公司發展的頹勢。

高明的上司，會對授權任務進行恰當的控制，使自己能隨時掌握任務的進程，在最恰當的時刻，選擇最恰當的方式，把跑偏的馬拉回到最正確的軌道上來。尤其是對於

那些向來自負的員工，適當的實權只是為了能夠更有利的發揮他們的才能，但是當他們走錯軌道的時候，最為上司必須及時的撥正回來，並且要讓他們了解到自己的問題癥結所在，從而避免下次重犯。

因此，一個有效的授權主管會根據授權，會細緻的挑選和改造自己的控制技術，以適應授權這種特殊的管理形式。

當命令下達後，上司還要隨時注意監督其進度如何，同時盡量避免干涉員工的具體工作，但在出現問題的時候應以適當的方式提出意見或提醒，同時用確認績效、實行獎懲的制度，才能讓一些自負者去重視自己的問題。

靈活地貫徹制度，讓散漫者自覺

《朱子語類》卷十一：「人做功課，若不專一，東看西看，到此心已散漫了，如何看得道理出？」；《警世通言·趙春兒重旺曹家莊》：「可成是散漫慣了的人，銀子到手，思量經營那一樁？」都道出了同樣一個理論，那就是散漫者定然是做不好事情。

因此，身為上司要及時的處理好散漫的員工，因為這

些散漫的員工不僅做不好自己的本職工作，久而久之還會給整個團隊帶來不良的風氣，甚至是影響整個企業的健康發展。

散漫的員工要麼就是不守紀律，要麼就是處事隨便不專心，說話做事都不當一回事。事實上，許多人親身經歷感受到一個企業的文化與員工做事心態很有關係，還有就是上司的做事風格直接決定基層的處事作風。

正所謂「上梁不正下梁歪」，作為一個上司在想員工做事散漫的同時，更應該做自我去檢討，員工為什麼會做事散漫，以及造成做事散漫的原因。

所以，要管理散漫的員工，首先身為上司要嚴正自己的行為準則，嚴格按照企業的規章制度進行，靈活地設置一定的獎懲制度，才能堅決杜絕散漫員工的惡習。

古代孫武的一些策略或許對上司對散漫者的管理有所啟迪。

孫子，名武，春秋時期齊國人，擅於策劃用兵的方法，但他在偏僻幽深的地方隱居，所以社會上的人沒有誰知道他的才能。子胥本來就能明智地了解世事、英明地鑑別人才，他知道孫子可以擊退敵軍、消滅敵人，便在一天和吳王討論用兵的時候，多次推薦孫子。

於是吳王便召見孫子，問他用兵的方法。孫子每陳述一篇，吳王便不知不覺地在嘴裡連連稱好。吳王心中十分高興，問道：「用兵的方法是否可以稍微試驗一下呢？」孫子說：「可以。可以在後宮的宮女中稍微試驗一下。」

於是，孫子讓吳王寵愛的兩位妃子當軍隊的隊長，使她倆各人帶領一隊。讓幾百個宮女都披上鎧甲、戴上頭盔，拿著劍和盾站著，把軍隊的法規告訴她們，叫她們隨著鼓聲或前進或後退、或向左或向右、或者旋轉打圈，讓她們都明了操練時的禁令。

孫子告訴她們第一次敲鼓時大家都振作起來，第二次敲鼓時大家都呼喊著前進，第三次敲鼓時大家都排成作戰時的陣勢。於是宮女們都捂著嘴笑。孫子便親自拿著鼓槌敲鼓，再三命令、反覆告誡，宮女們的笑聲還是像原來那樣。孫子回頭對執法官說：「拿斧頭和鐵砧板來。」

等執法官拿來了拿斧頭和鐵砧板，孫子又向執法官問道：「禁令不明確、不遵守命令，是將官的罪過。已經下了禁令，而且三令五申，士兵仍不能按照命令後退前進，便是隊長的罪過了。按軍法該怎麼辦？」

執法官說：「斬首。」孫武就命令殺掉兩個隊長——即吳王所寵愛的妃子。吳王登上閱兵臺觀看，正好看見要

殺那兩個愛妃，馬上讓使者飛奔前去，向孫子下達命令說：「我已經知道將軍能用兵了。我如果沒有這兩個妃子，那麼寢食無味。最好不要殺她們。」孫子說：「我既然已經被任命為將官，將官在軍隊中執法，君主即使有命令，我也不接受它。」

之後，孫子又重新指揮，敲起戰鼓，應當向左或向右、前進或後退、或轉身打圈，宮女們都合乎規矩，不敢眨一下眼睛。兩隊宮女肅靜無聲，沒有交頭接耳的。於是孫子就去彙報吳王說：「軍隊已經操練整齊，請大王去檢閱她們。只管憑大王的想法去使用她們好了。就是使她們赴湯蹈火，也不會有什麼困難了，甚至可以用她們去平天下。」

孫武在第一次訓練時，宮女們都散漫不成章法，當他嚴格按照軍法行事後，即使沒有受過訓練的宮女也可以「操練整齊」、「赴湯蹈火」了。

每一個企業都有自己的規章制度，之所以會設立這些規章制度，其中一個主要緣故就為了合理的約束員工，讓大家都能夠做好本職的工作。而對於那些散漫員工，如果不及時制止，逐漸會讓員工們都情緒懈怠、負面，如果形成一種不良的風氣，企業就很危險了。

下面這個例子中，如果不是這位新主管及時的採取一些措施，整個公司將會瀕臨倒閉的風險。

某公司導入了一批新產品，由於是部分定額，也沒有訂定出勤時間，因此主管排計畫時基本上會放寬時間。員工作業的時候都是慢慢做，認為當天做不完的任務可以放到明天去做。組長的調配也從來沒有考慮怎麼給公司節約工時，認為一個人浪費 10 分鐘是正常的事情。

最後主管和員工溝通也沒有辦法，散漫拖延的觀念仍然沒有改變，即使是一些導正態度的培訓會，也沒有幾個人在認真聽。

後來，公司規定了所有新產品的出勤時間，但是員工們都沒有之前的積極性和認真態度，公司擔心不能完成任務，為此調來了一個新的主管，這位主管不僅嚴格要求自己，而且待人處事堅決按照工廠的規章制度來辦，正所謂「新官上任三把火」，很快就壓制住了公司散漫的風氣。

同時，為了能夠營造更加積極向上的工作環境，他宣導公司建立起了合理、有效的運行機制，包括合理的薪酬制度與有效的績效評估手段，同時也包括良好的內部競爭機制與完善組織、管理制度，以及透明的責、權、利分布、運行、控制系統等。為以後企業的蓬勃發展奠定了堅

實的管理基礎。

同時，透過這些靈活有效的制度，讓之前許多散漫的員工都開始自覺遵守紀律，認真且高效的去完成工作。

制度建立後並非萬事大吉，凡事要有章可循、凡事要有人負責、凡事要有人監督，制度才能得以落實和執行。同時也要避免執行制度時緊時鬆、虎頭蛇尾或「雷聲大雨點小」等現象，要學會靈活的運用和貫徹好各項制度。

而在下面的例子中，店長劉文忠就是積極的採取了這些措施，才及時地挽救了瀕臨倒閉的店。

劉文忠是剛上任的新店店長，他們店屬於中小型規模的店，員工有十幾人，老闆的管理能力不是很好，現在的員工已經養成了散漫懶惰的習性，在加上很難招到新人，老員工也逐漸的帶壞新員工。

劉文忠有點無所適從，他們制定了新的規章制度，強制她們，但適得其反，也只起了一時之效。最後，劉文忠在朋友的建議下，在堅持大制度的前提下，靈活的運用一些小的制度，施行方法因人而異，讓新老員工都達到心理平衡。並且還定期的找一些老員工談心，了解他們的心理想法，讓他們認識到自己的散漫對整個店的危害性，讓其自覺行動起來，帶起了積極向上的氣氛。

　　每個人都有他的突破點，重要的是身為一名上司，不僅要懂管理還要懂心理。每個員工都有自己的工作及人生目標，或為求財，或為求學。如上述所說，憑藉制度和流程是難以發揮良好的作用。

　　制度和流程是規範一個人的，而不是最有效的提升員工工作士氣的方法。反而越嚴格的制度，員工的叛逆和敵對心理就會越強。他們已經養成了現在的工作習慣，用制度能改變他們的習慣，卻改變不了他們的心態。

　　這個時候，只有始終堅持住原先的規章制度，讓他們要感覺到同樣犯錯，同樣受罰，達到心理的平衡。然後，對新舊員工採取不同的措施，靈活的進行管理，才能各個擊破，處理好員工散漫的惡習。

　　員工是企業是最重要的資本。沒有員工的努力工作，就沒有企業的興旺發達。員工的散漫是企業發展最大的敵人。因而一個企業不管其規模大小，要想長期生存、發展下去，就必須徹底改變員工工作上的散漫情緒與紀律上的鬆散狀況。維護好企業的規章制度，靈活合理的去管理，才能夠發揮更佳的效果。

讓自己仗勢，讓傲慢者重視

　　傲慢的人總認為誰都不如自己，誰都看不上眼。這樣的人隨處可見，在企業當中傲慢的人時常都能碰到。

　　在企業裡面傲慢的人也常常是上司最為頭痛的人物，因為他們一般根本不將上司放在眼裡，尤其是那些剛剛升遷的，或者是比自己年齡小的上司。下面的例子中，年輕的王玉就遇到了這樣的問題。

　　王玉大學畢業後，進人一家石油公司工作。因為是新人，王玉便遵循「多磕頭，少說話」的原則，早到晚退，認真細心地對待分內工作。為了搞好同事關係，還經常主動幫助別人做一些分外工作。由於公司職責分明、考核嚴格，王玉一直都感到很累。

　　試用期後，她開始以本職工作為重，比較少地做分外事。然而有一個姓劉的同事，仗著親戚是公司部門上司，頤指氣使，總是指派一些雜事讓王玉做。開始的時候，王玉盡量擠時間加班做，但是後來王玉實在應付不過來，有幾次沒有按時完成，因此受到這位同事的指責。

　　但是，王玉為了同事之間的和睦，始終也是盡量能做就幫她去做。就這樣，王玉勤勤懇懇的工作不到一年就升

為辦公室的助理祕書，而那位姓劉的同事仗著自己的關係，依舊沒有將小王放在眼中，不僅如此，而且還經常故意找一些事情來為難王玉。

有一天，王玉正被一大堆報表搞得焦頭爛額，這位姓劉的員工卻要她去列印檔案，將文件朝她一丟，揚長而去。這時，王玉忍無可忍，說：「列印檔案的事情我來做，但麻煩你幫我做下報表吧，陳總急著要呢！」聽了王玉的話，姓劉的員工不由一呆，一時間說不出話來。

王玉這時將厚厚一疊報表放在劉姓員工的面前說：「這些，麻煩你了！」姓劉的同事皺了皺眉頭，最後還是鐵青著臉，拿起報表轉身就走。從此以後，傲慢的同事再也沒有找王玉做雜七雜八的事，王玉因此清淨了許多。

其實，上司欲建立威信，有時候，「拉一面大旗做虎皮」是最有效的一招。這種做法也就是人們傳說中的借光。

給自己拉個大旗，與人們常說的狐假虎威、攀龍附鳳、挾天子以令諸侯很接近。但是在某個角度來講，卻是借助於外力來增長自己的勢力威風，從而達到戰勝對手的目的。

尤其是與高傲無禮、出言不遜的員工打交道，肯定很

不愉快。但是職位畢竟是職位，工作畢竟是工作，和在家裡不一樣，想怎麼來就怎麼來。有些時候，因為工作上的事不得不與這類人打交道。如果身為上司，難以讓這些員工服從，那麼適當地讓自己仗勢，給對方一定的威懾也未嘗不是一個好的方法。

下面案例中，這位陳主管就巧妙地讓自己仗勢，及時的樹立起了自己的權威。

某公司新調來一位陳主管，此人腦筋靈活，尤其擅於借助上級的力量，鞏固自己的地位。來新公司不久，陳主管很快就發現這裡的人際關係頗為微妙，尤其對於他這樣的一個外來人，公司裡的一些資深員工都不太買他的帳，想在此立足恐怕有相當的難度。

不得已，陳主管在苦思冥想了幾夜之後，終於想出了一招。沒過多久，在陳主管的辦公桌最顯眼的位置上，擺出了一張陳主管與公司最高主管在家中吃飯交談的合照！這無疑證明了陳主管與公司最高主管的關係不一般。

從此，辦公室裡再也無人敢小覷這位新主管了，而且他們的言行也開始有了小心翼翼和討好的味道。從此，陳主管的工作也順風順水起來。

陳主管這次只是巧妙借助他人的聲望和影響力，沒費

吹灰之力，就贏得了員工的敬畏。他讓自己仗的勢，不僅
夠巧妙，也非常的及時奏效。

其實，在古代，朱元璋就曾經適當的運用過這種狐假
虎威的手段，適時地給自己增加了權威。

據記載，朱元璋在創立明朝帝國之前，曾參加推翻元
朝的起義軍，當時他投身在抗元重要領袖郭子興的麾下。
在當時，朱元璋頗得郭子興重用，短時間內就被任命為和
州總兵。

但是駐守和州的將官，大部分都是長年跟隨郭子興的
部下，朱元璋知道他任和州總兵，眾將官一定不會服氣，
於是決定想方設法奠定自己的地位。

於是，在一次軍事會議上，眾將領議定針對整治城池
的工作做出分工，並且限期三天完工。三天的期限一到，
朱元璋會同諸將領到城池現場查驗，結果只有他負責整治
的部分如期完工，其餘將領負責的各段工程均未完工。

朱元璋知道整頓這些將領的時機成熟了，於是他拿出
郭子興的檄文，告訴眾人自己的總兵之職是上面親自任命
的，修葺城牆之事是大事，如果不能到期完工，貽誤了軍
機要事，誰也擔當不起。以後再有違令者，一律軍法處
置。在場眾將領自知延誤了軍機，自然不敢有怒言。這次

事件過後，他在軍中的威信大增。

朱元璋正是搬出郭子興的檄文，表明自己也是奉上級之命行事，暗示在場的將領，此時的朱元璋是「郭子興的代表」。朱元璋借助他人力量來擴展自己的影響力，這種做法頗值得借鑑。

在傳統上，許多人對於狐假虎威所不齒，認為是小人慣用的伎倆、認為是沾光行騙、欺世盜名、狗仗人勢的行為。但是，在實際的情況下，只要動機純正，「假以」各種外力提高自己的威望，來處理那些傲慢無禮的員工，讓工作更快更好的進行下去，採取這種手段也不是不可取。

一個優秀的上司，不在於採取什麼樣的措施，只要是動機純正，在不傷害到別人的同時，有時候採取一些特殊的方法，或許可以取得更為理想的效果。

言行要可靠決斷，讓失信者自重

世界上最可憐的就是猶豫不決的人，一個人的判斷力根植於他的個性當中，決策就是決定性的，不可更改的，一旦做出決定就要盡力執行，就算有時候會犯錯，也比那種事事求平衡、總是思來想去、拖延不決的習慣要好。

　　尤其是身為一名上司，自己的一言一行時刻都被所有的員工注視著，只有自身言行遵守規章制度，並且快速決斷了，才能讓員工 —— 尤其是那些經常失信、嚴重影響工作進展的員工有所借鑑，並且對於自己的惡習懂得重視起來。

　　權力不等於權威，上司要有威信，必須言必行，行必果，這樣你說話才能讓員工信服。如果上司習慣信口開河，經常做一些虛假承諾，久而久之，不僅會讓個人的「威信掃地」，而且也讓自己的形象深受其害，還會讓員工也形成一種失信的惡習。

　　因此，身為上司更應該言出必行，做好一個模範，這樣才能標本兼治。

　　作為企業的上司們要時刻記住一句話，那就是：在任何企業中都不存在職業道德差的員工，只存在管理水準低的上司。每一個上司如果都能學會從自己身上尋找問題的根源，那麼許多看似很複雜的問題就可以迎刃而解了。

　　身為上司要有強烈的主動意識。有決斷能力和自主意識，不能等，也不能依靠別人。這就需要有敏銳的觀察力和分析判斷能力，並且有做決斷的魄力，不能優柔寡斷、畏畏縮縮。言行要可靠決斷、在企業當中做好表率，不僅

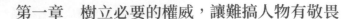

會讓客戶對自己更加的信任，而且會在員工當中形成良好的風氣。下面故事中的劉成志就差點因為自己胡亂答應而丟掉工作。

劉成志是一名程式設計師，他有著高超的電腦水準，卻有一個壞毛病，就是總喜歡吹牛，無論什麼事情都喜歡大包大攬，但事實上自己根本就沒有能力或是時間去處理這些事情。前段時間，劉成志就差點因為這件事情丟掉自己的工作。

那天劉成志去上廁所，恰好碰到了自己的部門經理，經理一見到他就問他之前給他提交的一項程式能不能盡快完成，他下午就準備和客戶簽訂合同了。劉成志隨口說三天絕對搞定。經理得到劉成志的答覆後，又對劉成志鼓勵讚揚了一番。

經理的讚揚讓劉成志感覺一陣飄飄然，暗地裡想，憑自己的才能一個小小程式三天還能搞不定？所以一直也沒有將這件事情太放在心上。結果到了第三天，經理專門過來詢問結果，劉成志這個時候才發現自己的這個程式有一個很大的漏洞，而且還特別的棘手，一時半會兒根本就解決不了。

眼看就快要下班了，按照合約第二天早上客戶就要檢

測程式了，劉成志一時急得團團轉，只好請求經理能不能將交付日期寬限幾天，經理聽後皺眉告訴劉成志，既然已經跟人家簽了合約，就要按期完成程式。如果隨意更改已約定的日期，言行不可靠了，會嚴重影響公司的聲譽。最後，經理及時決定部門的所有設計師晚上集體加班，群策群力，共同解決漏洞問題。

終於，經過大家一夜的努力，在早上按時完成了任務。而劉成志則因自己的一時大言不慚讓所有同事都勞累了一夜而感到慚愧不已。雖然這次部門經理只是讓他寫了一份檢討，並且請大家吃宵夜以作懲罰，但劉成志從此之後更加懂得了言必行，行必果的道理，以及隨口失信的嚴重後果。

同時，這件事情，不僅讓大家對部門經理的行事作風而敬佩，也帶給其他的同事借鑑作用。

許多人只有在經歷過教訓之後，才會懂得其中的道理，小劉就是其中之一。部門經理嚴謹的把守著公司的信譽，不僅給小劉，更是其他的員工都做到了一個帶頭作用。

古人云，「君子一言既出，駟馬難追」。這是做人的學問，也是上司處理好辦公室人際關係以及樹立威信的有效

武器。倘若隨隨便便就答應別人事情，而事實上卻無法做到，這就叫做「開空頭支票」。身為上司，尤其要避免這一點。身為某汽車公司銷售經理的劉剛則因為自己的一次冒然許諾而懊悔不已。

劉剛是某汽車公司的銷售經理，他是一名身先士卒、勤於打理市場的經理，因此他所負責的區域銷售額一直在公司名列前茅。

在一次月底會議上，為了鼓舞團隊士氣，劉剛私下裡告訴幾個業務骨幹，只要在這個月裡，他們的目標達成率能在 100% 以上，他就報告給公司，保證讓這些骨幹們每人升一級。

此言一出可謂是群情振奮，當月，這幾個人果真都達成了目標，可是當劉剛向公司申請時，公司的答覆是涉及人數太多，沒辦法晉升，如果給一兩個人晉升，怕別人有意見、鬧情緒，所以，暫時都不晉升。

劉剛聞聽此言，一下子就傻了眼。為了繼續取得這些骨幹們的信任，劉剛只好告訴他們具體的情況，並且用自己大半的薪資，作為獎金對這些骨幹進行了獎勵鼓舞。饒是如此，員工們以後也很難再聽信他的晉升「鬼話」了。

身為上司，首先如果自己不能言行一致，又如何能讓

員工們說到做到呢？劉剛雖然意識到了問題的嚴重性，採取了一定的措施，但是他的威信已經在員工們的心中低了一層，是很難挽回的。

身為上司，常常有很多事等著作出表態，有的上司對員工提出的問題和要求反應很敏捷，表態也很堅決。然而，在現場的表態事後便不見下文，或者「會議紀要」及處理結果與上司原先在現場的表態大相徑庭。

這些做法非常容易引起員工的不滿和抱怨，進而極大地影響上司的威信。而且還會讓員工也產生這種隨口答應、失信於人的惡習。最終，對公司事業的發展產生極大的危害。

所以，身為上司一般不要輕易答應別人，這樣才不至於失信於人。但也不要因為太害怕「失信」而過於拘謹，什麼事都不敢表態，讓員工覺得做事過於小心，前怕狼後畏虎，這樣的話就會顯得很懦弱，沒有魄力，員工們也不會信任你，因為你能給他們的保證太少了，樹立威信就無從談起。

聰明的上司在一些不太重要的事情上會擅於說一些模糊語言，或者是直接拒絕，不輕易許諾別人，尤其是為了達到自己的目的，隨意對員工作出一些「封官加賞」的承

諾，雖然在短時間內能發揮一定的作用，但如果難以實現的話，往往會讓自己墜入進退維谷的境界。尤其是形成上行下效的風氣後，將會導致整個企業都處在危局之中。

總之，對於一些經常失信而耽誤工作的員工要加強教育，告訴他們失信的危害，並且以身作則，讓他們對自己的惡習重視起來，才是真正解決這一問題的關鍵。

提高道德的魅力，讓搗亂者收斂

要做一名好的上司，不能以為掛上上司的頭銜就是真正的上司了。只有有人跟隨的上司才是真正的上司，正所謂：「一個自認為自己在主管階層，卻沒有人跟隨的人，其實只是在獨自前行。」

上司需要一種影響力，透過這種影響力來管理自己的員工，尤其是那些喜歡搗亂的員工。

老子曾在《道德經》中寫到：「是以聖人去甚、去奢、去泰」。意思是說，聖人要去掉極端的、奢侈的、過分的東西。簡單而言就是越是雄心勃勃、耀武揚威欲取天下者，越是得不到天下。只有能夠以德服人、以德報怨，才能夠得人心，進而得天下。

　　對於那些老是愛搗亂者，往往採取一些強硬的手段反而是適得其反，用自己的魅力，用自己高尚的道德來感化對方，讓對方敬服未嘗不是一個更好的方法。

　　以德報怨，是一個優良傳統，也是贏得人心的最好途徑。只有讓對方心甘情願的服氣，才能取得對方的跟隨，才能做好一個真正的上司。

　　清朝康熙皇帝在告誡雍正時曾經說過：「江山之固，在德不在險。」康熙帝沒有留下什麼通鑑或者語錄之類的東西，但是一句話卻是道出了坐穩江山的真諦，事實上身為一名上司更應該明白這個道理。

　　身為一名上司，不論你的官大小，都是要擁有人源這個特殊的資源。這種資源是獨一無二的。可能會取之不竭，用之不盡；也可能很快就枯竭了。這完全取決於一個「德」字。

　　作為員工是很難信任那些品格上有明顯瑕疵的上司，更不會長久的追隨這樣的上司，尤其是那些常常搗亂者，如果上司自己的都沒有嚴正以身，又如何讓這些人來管好自己呢？在現代社會中，「以德報怨」仍然發揮著巨大的、不可替代的作用，最終才能贏得人心。

　　在下面的故事中，李‧鄧納姆的付出和收穫啟迪大眾。

　　李‧鄧納姆在紐約的一個老城區經營的是第一家由麥當勞授權的速食店。當李‧鄧納姆決定放棄穩定的警官職業，在犯罪猖獗的哈林黑人住宅區投資麥當勞店的時候，朋友們都說他瘋了。

　　事實上，擁有一家餐館一直是李‧鄧納姆的夢想，之前他曾在幾家餐館工作，包括紐約著名的「華道爾夫」飯店。李‧鄧納姆非常想開自己的餐館，為此他還特意報名參加了商業管理學習班，每天晚上去上課。

　　後來，他成功地應聘了警官職位。但是，在他當警官的 15 年中，一直繼續學習商業管理。十年來，他沒有花過一毛錢去看電影、度假、看球賽，除了工作就是學習，他一直在為實現擁有自己的生意這個終生夢想而努力著。而十年來，他也省下了當警官賺來的每一分錢。

　　到了李‧鄧納姆擁有 4.2 萬美元存款的時候，他認為是實現自己夢想的時候了。麥當勞決定授權給他，但同時附加了一個條件：讓他必須在老城區開店，這算是老城區的第一家麥當勞速食店。

　　麥當勞其實是想驗證他們這種速食餐館是否在老城區也能取得很好的收益，而李‧鄧納姆看上去好像是開一家速食店的最佳人選。為了得到授權，李‧鄧納姆投入了自

己的全部積蓄，另外還借了 10.5 萬美元。但他知道，那些年他為之努力和奉獻的一切就在於此了，他相信自己多年來的準備工作，包括夢想、計畫、學習和積蓄都不會付之東流。

接下來，李‧鄧納姆開辦了在美國老城區的第一家麥當勞速食店。剛開始的幾個月簡直災難連連。在老城區流氓鬥毆、槍戰和其他的暴力事件頻頻在他的飯館發生，好多次都將他的顧客全都嚇跑了。

不僅如此，在飯館內部，僱員們偷食物和現金，他的保險箱經常被撬。而更糟糕的是，他無法從麥當勞總部得到任何的幫助，因為麥當勞總部的代表非常害怕到貧民窟來協調工作。因此，李‧鄧納姆別無辦法，只有靠自己了。

雖然李‧鄧納姆的商品、利潤甚至信心都曾被人奪去過，但李的夢想卻沒有人能奪走。因為，他為此付出和等待得太多了！於是，李‧鄧納姆想出了一個策略：對那些不務正業的搗亂者實行「以德報怨」的策略！

於是李‧鄧納姆同社區的那些小流氓們進行了開誠布公的交談，他激勵他們重新開始生活。然後他還僱用那些小流氓，讓他們在自己的餐廳中工作。他不得不加強了管

理，對出納員進行突擊檢查來避免偷竊。他每週一次向僱員們講授為顧客服務和管理方面的知識，鼓勵他們發展個人的職業目標。

同時，李‧鄧納姆又贊助社區成立了運動隊並設立了獎學金，使流浪閒逛在街道上的孩子們走進了社區中心和學校。他的做法看似很愚蠢，但回報很快就加倍而來。

李‧鄧納姆沒有白白付出，在他的努力下，店內幾乎不再發生流氓鬧事的事件，顧客也越來越多了，紐約老城區的速食店成了麥當勞在世界範圍內利潤最高的連鎖店，每年利益高達 150 萬美元！

慢慢地，李‧鄧納姆的速食店發展壯大起來，每天賣掉數百萬份速食。

可以說，李‧鄧納姆的成功是建立在「以德報怨」的基礎上的。沒有他當初對那些鬧事者的收容以及對所在社區的貢獻，他的麥當勞根本就開不下去，更別說發展壯大，取得今天的輝煌成就了。

三國時期的劉備可以說是一個「以德服人」的典型人物，也正因為如此才有那麼多有才能的人來投靠他，也正因為他的「德高望重」，才能讓到處惹是生非的張飛服服帖帖的始終跟隨著他。

劉備在擔任豫州牧這個職位時，舉薦袁渙為秀才。後來，袁渙被呂布所留下並在呂布身邊任職。呂布因為與劉備不和，要袁渙寫信代他辱罵劉備。袁渙不答應。呂布再三強迫他，他仍不答應。

呂布大怒，用武器威脅袁渙說：「願寫這封信，你就活命，不願寫這封信，你就得死！」

袁渙面不改色，笑著答覆說：「我聽說，只有高尚的品德才可以令人感到屈辱，從來就沒聽說過罵人可以令人感到屈辱。假如對方是君子，他會認為你罵他是你沒人格；假如對方是小人，則他會將你罵他的話回敬你，這樣受屈辱的是你而不是他。況且，我袁渙以前侍奉劉將軍，有如我今日侍奉您呂將軍。假如有朝一日我離開您了，卻回過頭來辱罵您，這樣可以嗎？」

呂布聽了此話，感到非常慚愧，就不再強迫袁渙寫信了。

由此可知，從古至今，凡是胸襟寬大者、有大家風範者，能夠「以德報怨」、「以德服人」的人，才能夠得人之心，才能夠成大事、得天下。

可以看出，想要員工心甘情願跟隨你，並不是強迫他們跟隨，而是要有眾人都願意服從的「德望」。試想，似

張飛那麼凶悍、常常惹是生非的人在劉備的感召下都能夠服服帖帖，更何況公司裡一些搞亂者呢？

在團隊中，上司的言談舉止，是員工重點觀察的目標。身為上司的一舉一動大家都在看著。是否有較強的上司能力，能夠順利地帶領員工實現團隊目標，這不但依於目標自身的正確性，更依於自身整體道德素養的高尚性。

道德素養高的上司，常常能一呼百應，就是因為在員工和大眾中有比較強的影響力，可以輕而易舉地發揮其上司才能。而道德素養低的上司，在員工心目中的威信比較差，員工對其所作所為一般都持懷疑觀望的態度，尤其是那些常常搞亂者，更是有恃無恐。因此，很難動員和開展實際工作，任何指示命令都顯得蒼白無力。

李・鄧納姆為我們做了最好的榜樣，採取「以德報怨」的方式。要想讓自己的事業有所發展，應先為顧客、僱員和社區服務，掃清眼前的障礙，實際上也是為自己鋪開了一條長遠的道路。

對於那些經常搞亂的員工亦是如此，採取強硬的措施最多只能解決一時問題，甚至還會使得對方懷有怨恨。如此，何不樹立起自己高尚的道德，用自己的行為來感召他們，讓他們信服並產生敬畏之心，才是徹底地解決問題的根本。

要及時維護權責，讓越權者自省

每一個企業都有一定的管理層次的，就彷彿是一個金字塔一般有著各層的層次組織，組織中每一級的管理層都是金字塔結構中的每一個節點，而組織中每一對下上級之間的限定溝通關係則構成了金字塔結構中每一層節點與節點之間的剛性連接。

在企業中，各個組織的資訊都是透過這些節點不斷向上流動的，原則上是不可以有其他的管道直接上升到更高層次的節點。簡單說，就是高層主管的指令資訊一般是要透過一級一級的中間層，最終傳達到基層的執行者。

同時，基層的彙報資訊也是要透過一層一層的中間層，從而最終達到最高決策者。這是整個企業上司權責管理的基本途徑以及結構，任何違背這種流程與途徑的行為都是越權或者越級的行為。在古代許多帝王都不知道維護權責，而往往讓一些奸臣當道！

秦朝末年，秦始皇病歿，宦官趙高乘機篡奪朝中大權。他隱瞞了秦始皇的死訊，假傳聖旨，逼著秦始皇的長子扶蘇自殺，立次子胡亥為太子，然後再宣布舉行國喪。

接著，趙高將太子胡亥扶上帝位，這就是秦二世，而

趙高自己則當了丞相。

　　這時，秦二世的年紀還小，不明事理，奸詐的趙高就掌握了朝中大權，使年幼的皇帝成了傀儡。即使大權在握，可以為所欲為，趙高也仍然不滿足。他不想當臣子，而是想進一步登上帝位，但是又怕大臣們都不服他，於是，他就想出了一條計策，以此來顯示自己的權力和威嚴。

　　有一天，趙高獻給秦二世一頭鹿，他指著鹿說：「這是我獻給陛下的馬！希望陛下能夠喜歡！」

　　秦二世大笑著說：「丞相的眼神出了問題吧！這明明是一頭鹿，怎麼會是一匹馬呢？」

　　趙高嚴肅地說：「我真的沒有騙您，我的眼神也好得很，這明明是一匹馬，陛下如果不相信，可以問問朝中的大臣啊！」

　　不願服輸的秦二世就問朝堂上的臣子：「大家看看，這究竟是馬還是鹿？」

　　趙高的左右親信以及想討好趙高的臣子，還有懼怕趙高的人，都紛紛回答：「這是馬！」另外還有一些膽小但是還有幾分正義感的大臣不敢出聲，少數正直的大臣當場就說了真話，說他們看到的是一頭鹿。這些少數說實話的最

後都遭到了個趙高的迫害。

在現代社會裡，下級越權的現象也時有發生。所以身為上司應該明確所有工作人員的職責範圍，讓大家各負其責，杜絕越權的現象發生。

經常越權的員工，往往認為自己的才幹超越自己的直屬上司，認為雖然自己辛苦一些，但一些工作如果由自己來處理的話，不但辦得快，辦得好，而且也不耽誤事。

但這只是一時之間或者是對個別事情而言的，經常發生越權事件，會直接擾亂整個企業整體層次組織的結構。要知道整個企業的權責管理是分級分層管理的，各負其責，各司其職，就是為了維持其正常秩序，以取得良好效果。

如果員工經常發生這種越權的行為，打亂整個正常的工作秩序，不僅會影響到直接上司的工作，也會有目中無人、不自量力之嫌，這也是影響工作和團結的因素。而且也會在整個企業裡面形成一種不良好的風氣，難以進行員工管理。

所以，任何企業發現喜歡越權行事的員工，都應該積極的採取一些措施，及時地維護上司的權責，堅決杜絕一些壞風氣的形成。將軍動力機械公司是美國國防骨幹企

業，公司曾一度面臨倒閉的危機。當時空運 880 開發計畫失敗，公司成了一條「受傷的巨龍」。是羅查‧路易士擔當起了拯救它的重任。

動力公司是由赫金斯創建的。他以個人的力量發展自己的事業，取得了成功，但是卻使公司在組織力和科學管理方面做得不徹底。路易士決定在完成 880 計畫善後工作的同時，集中力量改革公司的經營組織。

公司總部的經營管理軟弱無力，事業部門的力量過強，使得公司內有一種傾向：不信任經營者的能力，使得統御大權旁落。

路易士認為公司如要重建，務必收回總經理的威信，他一定要做給大家看！於是，他一上臺，就首先恢復經營負責人的統治權，第一招是把過去一年只提出 4 次的事業部門資金狀況報告改為每月提出一次。

路易士深信不疑的是，經營權力的集中化在能讓他恢復威信的同時也能提高公司的集體精神。同時，路易士讓 12 名當中的 10 名重要幹部勒令離開，進行公司內部重要幹部的更替。他做事的魄力、決斷提高了總經理的控制力和指導力。

而且，路易士極力抑制事業部門的許可權，形成總部

集權的新體制。他如願以償地收回了集權，在人事上進行了很大的調整。令出如山，貫徹到底，這是以前從未有過的現象。

當然會有人批評他的做法，認為他太粗暴。但是路易士不以為然，他說：「這種粗暴的做法，是為了再建公司不得不採用的暫時手段，在此生死存亡的瞬間，不得不採用戰時體制。」

隨著公司狀況的逐步好轉，慢慢地大家也都理解了路易士的做法，之前許多經常越權的幹部也都堅守起了自己的本職。

事實上，許多企業在即將倒閉的時候，困擾他們一大問題就是人事問題。路易士更換大部分的重要幹部，所得的成就也恰好證明了此舉的正確性。他大刀闊斧的改革與維權，最終讓動力公司重新恢復生機，步入成功。

由此可以看出，如果上司對企業失去控制、指導權，那麼勢必造成混亂。雖然在現代企業管理中，分權放權是一個共同的趨勢，但擴大員工的自主權也不能走向極端。

放權分權是以保證治權統一為前提的，應以不能威脅最高指揮權為條件。只有對企業整體保持統一的指揮，企業才能在競爭中取勝。大型的企業更是如此。

作為一個企業的上司，發現員工有越權行為，就應該及時的維護自己的權責。但並不一定要採取一些強硬的手段，因為有時候員工的越權並非是有意或者是心存私心而做的。

正如下面的這位老闆所遇到的員工，對其多做一些心理疏導有時會發揮更好的效果。

澳洲一個商務發展中心老闆比特近來碰到一件頭痛的事。他新僱的一名員工技術高超、在團隊中不可或缺，但卻有一個毛病：他原先在一家大公司工作，在他所負責的技術領域有足夠的許可權，能自行決定訂貨、客戶服務、報價、結帳等事宜，而新的公司只需要他負責技術工作，他卻總是忍不住越俎代庖，插手一些其他足以勝任的員工負責的事務，於是不斷惹出麻煩。儘管多次與他談話，他仍然搞不清自己的職責。

比特只好投書美國《Workforce》雜誌求計。一個叫大衛的總裁告訴他遇到這種情況，如果不斷地向對方解釋，他所負責的工作是這樣的，該這麼做，而如果那麼做，就會惹出那樣的麻煩。那麼他自然的反應就一定會是防衛性的，為自己辯解道：「我只想把事情做好。這些事我以前都做過，我做起來會更快，根本用不著像現在這麼婆婆媽

媽的，簡直是典型的官僚主義。」那樣就不會有什麼好效果，而你們雙方也一定都會感到不快。

他建議比特抽出一小時的時間專門聽那位職員傾訴。聽聽他關心什麼，想要完成什麼工作。問問他怎樣看待自己的角色與其他人角色的關係。請他談談他想做出什麼樣的貢獻，需要公司提供什麼樣的幫助。你該問上許多的問題，然後靜靜地等他打開話匣子。除非他說沒有什麼再需要補充的了，否則不要打斷他的話或陳述你自己的看法。

一旦你弄清了他關心什麼，想要做成什麼事，就要思考對公司更有益的方式幫他達到這些目標。如果他想要獲得積極的效果，就解釋給他怎樣才能將良好的動機化為現實，使他行動的效果變得最為積極，讓他明白他以前的一些行動會得到適得其反的效果。

如果他是想使工作進度加快，就要告訴他，大包大攬的短期效果也許對他有利，但長期的效果卻是使他的效率越來越低下。要從他的動機出發分析問題，站在他的立場上為他出謀劃策，幫助他明白他該怎樣改進。

最後在比特幾次的聊天交談之後，這位員工終於認知到了自己的問題所在，從此之後將更多的精力放在了技術革新方面。

總之，對員工越權，要作具體分析，不能簡單地批評和指責。無論是為了工作考慮還是因為私人的利益，都應該杜絕這種情況發生，及時維護好自己的權責。

禁忌：以上司自居，隨意指責他人

在任何一家企業裡，處在上司位置上的人畢竟是少數，並且這些上司在某些方面確實比大部分基層員工要強，正因為如此，有些身處在這一位置的人，或多或少有了優越感，會覺得自己要比其他的員工要強，瞧不起普通的員工。

他們在面對員工時，不論是有意還是無意總會表現出自己與普通員工不同，這種認為自我要比他人優秀，把自我擺放在「高人一等」的位置，瞧不起自己員工的上司不在少數，他們的這種做法，不僅惹人生厭，還會被人看不起，無形之中為自己設置了許多障礙，讓上司與員工的關係越來越疏遠，從而讓自己站在員工的對立面，增加了開展工作的難度。

這種人最為明顯的一個現象就是：不分場合，隨意地指責與批評員工。這種指責與批評在有些時候可能是員工

真的在某些方面出現了錯誤，有的則可能是為了顯示自我的身分和地位。

無論屬於上述情形中的哪一種，不分場合隨意指責與批評員工，都不是一個優秀的上司該做的事。這樣去做，都會給上司的管理工作帶來負面影響。

正如下面例子中的章華所遇到的問題一樣，任意的批評員工只會是事與願違。

章華跳槽後，到一家新的公司做部門主管。在上任之後，他急於想要證明自我的實力，為公司創造更好的效益，他的工作熱情高漲，不僅僅對自己的要求變得更加嚴格，對整個部門的工作人員也是一樣。

每次，他看到員工正在忙碌時，都會在旁邊看，不管是什麼時候，只要對方所做的讓他不滿意，都會給予指責和批評。一時之間，整個部門的氣氛十分緊張、人心惶惶。

章華原本以為這樣就能讓整個部門朝自己理想的方向發展，為公司創造客觀的經濟效益。然而，令他沒有想到的是，整個部門的總體表現反不如從前。

這不得不讓章華感到疑惑，真的不明白為什麼會這樣。

有一次，章華跟一個可以稱之為朋友的員工聊天時，

朋友告訴他不要再隨意指責他人。這樣隨意指責批評大家，很難讓大家真正的去接受，而且甚至讓大家更加的反感，適得其反。

章華聽後，剛開始感覺很迷惘，自己怎麼說都是一個上司，這麼做不都是為了更好的開展工作嗎？朋友告訴章華，發現員工工作上有錯誤、有疏漏，身為上司當然可以批評，但是不能不顧任何場合，每一個人都是有尊嚴的，如果這樣不顧及他人的尊嚴，當然會讓對方心生厭惡，甚至產生怨恨，從而適得其反。

章華聽後，這才恍然大悟，從此之後，及時改變了自己的行為，平時會多給自己員工一些鼓舞，即使發現員工犯了錯，也會單獨指出，或者透過郵件、紙條的方式來提醒指導員工，從而讓自己的團隊也更加具有了凝聚力。

在現實中，像章華這樣具有強烈的責任感，雖然在指責和批評員工時，是為了員工或者企業好，但他們在做這些事情、說這些話的時候是站在上司的角度的，尤其是不分場合的隨意指責批評，不僅讓員工難以真正的接受，甚至讓他們感覺到反感。

因此，身為上司在面對員工之時，無論對方是不是真的做錯了，千萬不要認為自己是上司就可以隨意指責、批

評對方，而應當把自己放在與員工同等的位置。因為能不能當個好的上司，不在於「官架子」端得大不大，而在於是否具有親和力、是否得到了員工的認可、能不能讓員工真正的信服和敬仰。只有做好了這些，才能讓員工們甘願追隨。一個上司，只有擁有了自己的追隨者，才能夠真正的稱得上上司。

　　所以，身為一名上司，要隨時警惕，如果自己成了凌駕於人民之上的「官老爺」，「官架子」擺的太高，不給別人發言的權利，讓員工敬而遠之，只會逐步喪失掉自己在團隊裡的威信。

　　正如下面例子中的吳昊，不但不接受其他人的建議，還肆意的批評老員工，最終只會走向眾叛親離的下場。

　　剛畢業不久的吳昊，各個方面能力確實較一般人優秀。他被一家公司所聘用，憑藉著自身的能力以及努力，很快就得到了晉升，成了該公司某個部門的主管。

　　吳昊一坐上主管位置，就想著做出一番業績出來。他幹勁十足，花了一段時間制定出了一套覺得沒錯的計畫，便向部門的人員說出來，並且希望各位一同努力，完成這個計畫。

　　他的計畫雖然不錯，但是也有一些問題。但他將這個

計畫公布出來，分配任務的時候，有幾個有經驗的員工對其中的一些細節提出了自己的看法，希望他能夠再考慮考慮。

然而，他聽了這些話後，臉色立刻就變了，毫不客氣的對這幾位老員工說道：「到底我是經理，還是你們是？這些事我考慮了很久，沒有什麼問題，你們只要按著計畫去做就行了。」

員工們只好離開，吳昊覺得他們所提的意見根本就不是什麼意見，用不著去考慮斟酌，並且經常跟其他部門的人聊天時，對其他的同事抱怨說：「我真的不知道他們到底是怎麼想的，還覺得我的計畫有問題呢，不是我瞧不起他們，他們能知道什麼啊？否則的話，怎麼是我當經理，而不是他們呢？」

沒過多久，他的這些話就傳到了他所管轄部門的職員耳中。從此以後，當吳昊再向他們布置什麼任務時，他們誰也不再過多的說什麼，只不過，在執行的過程中大大地打了折扣，不是沒能達到他所期望的效果，就是不能在規定的時間內完成。

也正為如此，吳昊所管轄的部門成了整個公司最沒有秩序的部門，理所當然，也是業績最糟糕的部門。沒過多

久，他不得提出了辭職，離開了這家公司。

在現實中，像吳昊這樣的上司不在少數，他們總是認為自己比普通的員工要強，並且還會在很多的時候表現出來。不僅否定別人提出的建議或意見，而且時常會不分場合的指責員工，最終的結果只會是人心離散。

作為一個企業的上司，最主要的任務莫過於採取什麼樣的方式讓企業的員工朝著企業的整體目標奮進，給企業帶來更好的經濟效益，讓企業能夠在競爭激烈的環境中，得以不斷的發展、壯大。

一位成功的企業家說，管理的根本是在「人」，只有把「人」管理好了，就能很好地利用「人」來做事，同時把自己的「人」培訓好也是一種很重要的管理藝術。

適當的忘記自己上司的身分，不要隨意指責和批評員工，和員工平等相處，懂得和員工分享，就會讓員工產生一種參與感，會認為自己是團體中的一員，自豪感和成就感油然而生。在職位、團隊與公司裡，上司與員工一起分享工後的成果，分享工作中的權力，增加了他們對團隊的忠誠。

因此，作為企業的上司就必須改變心態，不要再認為自己要比他人優秀，在言行上表現出瞧不起員工，而應當給予員工應有的尊重。

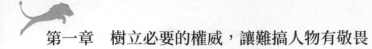

第一章　樹立必要的權威，讓難搞人物有敬畏

第二章
和員工打成一片，與難搞人物建友誼

上司不一定就是要高高在上的擺「官架子」、打「官腔」，事實上低調的上司更能讓員工感覺到親切。尤其是要想管理好那些令人頭痛的員工，不是處處與他們針鋒相對，在保持公司原則的同時，更應該富有上司的魅力，和員工打成一片，與員工們獲得友誼，從而凝結成為一個團體，讓大家知道你是「自己人」，大家都是在做「自己事」。尤其是對於那些難搞的人物，只有走近他們，才能從根本上解決問題。只有贏得他們的跟隨和愛戴，才能真正獲得雙贏。

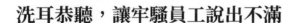

洗耳恭聽，讓牢騷員工說出不滿

「讓員工把不滿說出來」，這句話是有「世界第一CEO」之稱的前美國 GE 集團首席執行官威爾許（Jack Welch）曾說過的一句話。

讓員工把不滿說出來，實際上是一種溝通。只有透過這種溝通，可以實現企業內部管理資訊的「對流」。

身為一名上司，擅於傾聽員工發自內心的呼聲、意見和建議，更利於企業決策層、管理層撤銷不合理的管理辦法，制定出更加合理的制度，提高管理水準。同時，也可以及時了解各類員工們的情況，尤其是那些整天發牢騷的員工，如果不及時的遏制，不僅會影響到自己的工作，還會在辦公室裡造成不良的風氣，影響到整個團隊的健康發展。

任何上司，不可能把所有的工作都做得非常完美、滴水不漏，總有一些事情處理得不公平、不恰當，或者是一些重大決策制定得不合理，一些管理工作做得不到位，使員工產生了不解或不滿情緒，如果沒有一條能夠讓員工順暢地回饋個人意見和建議的平臺，也沒有解釋企業內部決策、管理工作動機、目的、方法的管道，就會使員工的不

滿和怨氣越聚越多、越積越重，直到企業發生嚴重的管理危機。因此，及時讓員工把不滿說出來，不失為一種很明智、很可取的化解員工矛盾的好方法。

正如一個氣球一般，如果你不把裡面的氣放掉，就不能將它裝在你的口袋裡。同樣道理，如果員工的心裡裝滿了怨氣，不想方法讓他把不滿說出來，發洩掉那股怨氣，就很難對其進行有效的管理。

一個好的上司，應該隨時了解自己員工的想法。一切事情只有在有效的溝通交流之後，才能夠更加順利有成效的進行。而在進行溝通之前，了解員工在想什麼，也就是抓對方的心理顯得尤為重要。

只有這樣，作為上司才能夠對症下藥，明白哪些話該說，哪些話不該說，說什麼樣的話才是最合適的。掌握了員工的心理，溝通才是有效的。只有透過有效的溝通，讓那些整天發牢騷的員工說出自己的不滿、說出自己的緣由，並且合理的解決問題，才能從根本上處理好這類的員工，為整個團隊營造一個良好的氛圍。

而對於那些滿腹牢騷的員工來說，也只有在聽到來自企業決策層、管理層的準確聲音之後，他們的顧慮、猜疑、不滿和不解就會煙消雲散，工作起來心情舒暢，把更

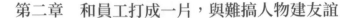

多的精力投入到創新生產技術、提高工作效率上，增強企業競爭實力。

事實上，許多的抱怨是針對小事，或者針對不合理不公平，它來自員工的習慣或敏感。因此，對於這種抱怨可以透過與抱怨者平等溝通來解決，先使其平靜下來以止住抱怨情緒的擴散，然後再採取有效措施解決問題。下面這個例子就很好的證實了這一方式的正確性。

劉文濤在做某公司生產部主管的時候，有一個元老級的員工業務能力很強，但是性格很急、脾氣挺大、經常發牢騷，難以駕馭，於是劉文濤決定找這個員工單獨談談。透過這種溝通，劉文濤發現他雖然憤世嫉俗，但是為人豪爽，有很可愛的一面。在傾聽了他的個人經歷後，劉文濤知道他是怎樣努力才有今天的成績，非常佩服他，於是由衷地表達了對他的尊敬，並且聽取了他對部門發展的意見，充分肯定了他在部門內的地位。

並且告訴這位員工，部門就是要靠他們這樣經驗豐富的員工，只有上下齊心共同努力，才能讓部門產生更高的效果，部門有效益了，相應的大家也自然會有更多的收益。希望這位員工對他的工作能多多的支持和幫助，同時有什麼不滿或者什麼好的意見、建議的也可以隨時跟他溝通，大家一起來商討、解決。

　　結果這位員工不但很樂意地接受了劉文濤的一些想法，而且還提出了更多更好的設想。後來，他在團隊中發揮了很好的帶頭作用，成為生產部的技術骨幹。

　　其實，正如上述故事中的這位員工一樣，每個員工在工作中都會有不滿，有了不滿就會發牢騷，從而使自己得到心理上的宣洩。上司如果不去分析牢騷背後的原因，不去了解牢騷背後的情緒問題，並及時給予疏導，員工的怨氣將會積小成大，最後發展到不可收拾的地步，很容易像瘟疫一樣在辦公室中蔓延開來。一旦其他員工受到感染，一場大的動盪就在所難免。那時候，再想解決都沒有機會。

　　當然，讓員工宣洩不滿說起來容易，做起來很難。這需要上司有誠懇的態度，能夠側耳傾聽來自基層的不同、甚至是批評的意見，而不是走走形式，做做樣子。

　　通常情況下，員工產生抱怨的內容主要有三類：一是薪酬；二是工作環境；三是同事關係。

　　身為一名上司，要樂於接受抱怨。抱怨無非是一種發洩，抱怨需要聽眾，而這些聽眾往往又是抱怨者最信任的那部分人，身為上司，只要員工願意在你面前盡情發洩抱怨，你的工作就已經完成了一半，因為你已經成功地獲得

了他的信任。

　　並且，要盡量了解抱怨的起因。沒有誰會無緣無故地抱怨，員工心存抱怨，就說明肯定是企業的哪個方面出現了問題。上司這時候要盡可能地去了解員工抱怨的起因，了解這些才能為後面的解決問題打下基礎。

　　下面這個例子，正說明了及時傾聽不同的聲音，及時的去改正一些錯誤的措施，才能夠更有利於企業的良性發展。

　　有一家培訓公司的女老闆，為了防備諮商部的員工在工作時間聊天，就以規範諮商電話流程為名，在諮商部放置了一些錄音筆，要求將員工的諮商內容全部錄音。這個措施一出臺，員工譁然，覺得自己像被老闆監控起來一樣，不久，就有兩名員工辭職走人。

　　女老闆暗中透過自己的耳目了解到員工的想法，發現有的員工抱怨說她將他們都當賊似的防著，心中很是不滿，都不願意給她這種老闆做事。聽到這些反應，女老闆馬上意識到自己的做法欠妥，於是很快地進行了調整，取消了錄音，員工的情緒也得到了平息。

　　一般來說，大部分的抱怨是因為管理混亂造成的，而由於員工個人失職而產生的抱怨只占一小部分。所以規範

工作流程、明確職位職責、完善規章制度等是處理抱怨的重要措施。在規範管理制度時應採取民主、公正、公開的原則，讓員工參加討論，共同制定各項管理規範，這樣才能保證管理的公正性和深入人心。

就像這位女老闆一般，為了防止員工偷懶聊天，竟然會想到去安裝錄音筆，導致了員工們強烈的不滿，產生了適得其反的作用。但同時，她也懂得去傾聽員工不滿的意見，並且及時的糾正這些欠妥的措施，才使得公司又恢復良好的狀態。

《孫子兵法》云：「上下同欲者勝。」指的是上司階層要和員工的思想保持一致。上下一心，才能無往而不勝。上司留心觀察員工的情緒、態度和反應，並據此做出相應的策略調整，這樣才能減少與員工之間的摩擦和矛盾，使員工和你心往一處想，勁往一處使。

身為上司，在平時發現員工在抱怨時，首先應該懂得去傾聽。可找一個單獨的環境，與發牢騷的員工做一對一的面談，讓他無所顧忌地進行抱怨，你需要做的只是洗耳恭聽而已。

不要皺眉，也不要反駁，偶爾說上一句：「哦，是這麼一回事⋯⋯」，這個時候，大部分發牢騷的員工會在一吐

為快之後心滿意足，高高興興地離開你的辦公室。借著傾聽，讓那些受到委屈的人有機會傾訴，這就解決了一大半問題。同時，也只有透過傾聽，了解員工內心的想法、牢騷的矛頭所在，才能夠正確及時的去解決問題。

由此可知，和員工相處，需要有很好的溝通，了解員工心裡所想和工作所需，可以採取各種各樣的溝通方式，比如召開座談會，或者平時注意觀察、或者單獨交談。只有確實掌握了真實情況，才能作出正確的判斷、採取正確的方法，或者及時表揚，或者及時發現錯誤及時批評。工作做得好不好，人是關鍵因素。

對工作實施有效監控，其實是對員工實施跟蹤服務。定期對員工工作進行績效評估，透過開會或談話，指出工作中的優缺點，幫助員工改正問題、不斷進步。此外，讓員工把不滿說出來，還能夠提升員工的忠誠度，真心實意的為企業的發展而努力。

放低身分，與挑剔員工「同樂」

在企業當中，挑剔的員工總是讓上司頭痛，無論是在辦公環境還是在工作分配上，無論是在薪資高低還是績效

考核中，這些人彷彿都有著成千上萬個問題。事實上，許多的挑剔員工之所以常常挑剔，要麼是對目前的工作、薪水不滿意，要麼就是為了引起大家對他的注意，尤其是上司對自己的重視。

現在員工受教育的程度越來越高了，每個人都想成就自己的一番事業，實現自己的人生價值。於是他們不僅僅追求金錢，更看重別人對他們的一種認可。追求他們事業的成長，追求一種公平感。這時候「挑剔員工」也會多起來，現在很多企業都害怕愛挑剔的員工，也沒人愛用，上司一般不太喜歡這些人。

一般來說，受過良好教育的年輕人自尊心強，爭強好勝，自我感覺良好，敢突破各種權威和規章制度的束縛，積極參與和自己有關的各項決定。針對他們的這種特點，上司應當讓他們產生歸屬感，激發他們一直為公司工作的關鍵就是透過分享滿足他們的需求，進而從感情上讓他們願意為公司奮鬥。

對於年輕人來說，他們更為注重家庭生活，選擇工作的範圍擴大了，對工作各方面的要求也變得越來越挑剔，比如薪水、住房、人際關係、福利待遇等。他們對公司的依賴感和親近感遠不如老員工，他們最看重的往往是收入

的高低，通常他們在獲得了一定的工作經驗和能力之後，就會去到條件更優越的公司，謀求更好的發展機會。

可見，上司在管理企業的同時，還要讓大家有歸屬感。而要讓大家有這種歸屬感，就應該深入到團隊當中，做到「與民同樂」。

去仔細審視是否真的存在不合理的制度，這個員工期待著什麼，重要的是尊重人性，不可當眾數落，這無益問題的解決。同時，也是在這個過程中，透過對那些挑剔員工的接近和溝通，來了解他們心理思想，找出他們挑剔的理由，及時解決他們的問題。

因此，身為一名上司，要學會放下自己的優越感，離開辦公室到員工的中間去認識、了解每一位員工，傾聽他們的意見，尤其是那些喜歡挑剔的員工，做好及時的溝通，及時調整各部門的工作，使員工生活在一個輕鬆、透明的工作環境中，讓員工時刻都感覺到自己身處在一個團隊裡，才能讓員工們既親切又敬畏。

要學會不放過任何一個「與民同樂」機會。古代就有與民同樂的傳統。無論對於國家的統治者還是企業的上司來講，「與民同樂」都是非常重要的。

「與民同樂」其實就是深入到員工當中，與員工們打

成一片，其目的是為了得到大家的認可，增加自己的親和力，是為了讓大家感覺到親切，為了讓大家感覺到整個團隊的和諧，以及讓整個企業有「家」的感覺，能使員工感受到平等和被重視。從而得到大家更多的擁戴和喜愛，更為重要的是這樣做能激發員工的工作熱情，使他們更賣力地工作。

事實上，在各個方面喜歡挑剔的員工，同時也證明他們有自己的想法，只有深入地去接近他們，才能弄清楚他們的真實想法，或者他們還可以為公司出謀劃策，提出一些更加寶貴的建議。

下面這個故事中姜文魁的經歷，就很好的證實了這一點。

姜文魁剛來廠房做主管的時候，就聽老主管告訴他，有一個叫王子明的王師傅不僅常常抱怨，而且還故意挑剔，很難管理。因為他是廠房裡的一個老師傅了，有豐富的經驗，許多年輕新人都是由他帶出來的，而且一些技術方面的問題，也只有他能夠及時的處理好，所以工廠裡對於王師傅的挑剔、抱怨也都是睜一隻眼閉一隻眼，鬧得凶了就表揚或者是發一些獎金。

聽了老主管的介紹，姜文魁不由對這位王師傅好奇了

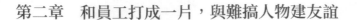

起來。於是他無論是在平時的工作當中，還是在生活交際當中，都刻意地去接近這位王師傅。

後來，姜文魁發現原來這位王師傅是一個機械迷，這剛好與自己的興趣愛好相投，於是兩個人常常往一些廢棄的鋼鐵廠找一些零件。而在這個過程中，姜文魁赫然發現，王師傅雖然是一位老師傅了，但是他對於現代工具機方面的資訊一直都很關注，更重要的是王師傅發現了現在廠區裡的一些老工具機的許多問題，並且都有了逐步的改良方法。

而他的方案之所以一直沒有得到廠房主管的認可，是因為他剛開始提出來的時候，改良方法還不是很好，雖然可以每年為工廠減少投資，但是工具機的改良費用太高。他不斷的摸索，總感覺現在的機器設備過於落後，生產的貨物也有許多的瑕疵，但是廠房的上司一直都把他的這些建議與意見當成了對設備和貨物的挑剔，以及對工作待遇方面的抱怨。

現在，王師傅的改良工具機的方法日趨完善，而王師傅也對廠房失去了信心，正準備將自己的方法申請專利，賣給另外一家更有實力的企業。

姜文魁知道這件事情後，急忙詳詳細細的將這件事情

向企業的高層主管做了彙報，最後經過相關專家的測定，終於認可了王師傅的方法。實施一年後，王師傅對工具機的改良方法就為企業減少損失幾百萬，而且生產的貨物品質也在同類產品中提高了層次。

許多人都將別人的建議和意見當成了一種挑剔，當別人說這個策劃不好，這個東西有問題，這個方案有點難度的時候，不去深入的與對方溝通交流，而是一味地對自己肯定，尤其是一些總是不能容忍別人否定自己的決定或者方案的上司。

加強與員工之間的交流和溝通，引導下屬的思想和行為，使員工能全身心投入工作，盡可能從整體利益角度考慮問題。上下級所處的位置不同，思考問題的角度不同，如果長期缺乏交流溝通，將使矛盾和隔閡越積越深，日積月累就會產生關係緊張等問題。上下級之間不僅要有經常性真誠的溝通與交流，如果下屬感受到了上級的信任，便會更加忠誠和努力。

同時，上司及時地了解員工的想法，才能更及時更準確的解決問題。正如王師傅一樣，剛開始未成熟技術的提出，讓上司以為他對工廠設備以及生產的貨物處處挑剔，對工作生活到處抱怨，從而在一定程度上誤解了他的意

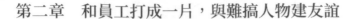

願。身為上司，應該適當的放低身分，似姜文魁一樣，深入地去了解員工的思想，及時的去溝通交流，才能達到員工與上司思想的一致，找出吹毛求疵的根源。

但是，在與員工進行交流溝通的同時，如果發現一些雞蛋裡挑骨頭，故意挑剔找碴的員工，就應該及時的採取一些措施處理。

下面這個例子中，吳剛對於這類的員工，在採取各種措施仍然沒有效果後，為了不影響整個企業的健康發展，也就只好採取一些強硬的措施了。

吳剛就遇到了這麼一位經常挑剔的員工，這位員工業績一般，可以說是看什麼都不順眼，做什麼事情都不行，而且經常和其他的員工鬧矛盾，影響整個工廠的工作安排。

起先，吳剛專門找這位員工深入地交談了幾次，但是根本就沒有什麼效果。於是，吳剛不得不將她調到質檢部門，心想你不是老愛挑剔嗎，現在就讓你專門來挑剔。

結果卻讓吳剛半喜半憂，這位員工的確是在產品方面挑出了好多的毛病，甚至將一些合格的產品都挑了問題，但是因為她挑剔的毛病，在新的部門裡也跟同事們搞不好關係。為了杜絕這位員工影響整個工廠的大環境，經過與

上面上司的溝通後，吳剛果斷的辭掉了這位員工。

有時候，身為一名上司做事情就應該果斷決絕。尤其是對於正在影響到整個企業大環境、會給企業帶來惡性風氣的員工，就應該及時的做出決斷。

正確對待挑剔員工，就是要學會以平等的身分與這些人進行交流。「與民同樂」不是真的就要大家一塊兒享樂，更重要的是讓高層的上司放下身架，深入到員工當中去，去聆聽別人的建議與意見。並且，及時的去處理那些危害企業的員工。

「同樂」的原因，就是為了放低身分與這些挑剔員工進行交流，從而切實的斷定哪些是有才能而未得重視，而哪些又是真的在故意挑剔，做到不放走一個有才華的員工，同時也不能留下任何的害群之馬！

及時肯定，鼓舞負面員工

在工作中，往往有許多的員工因為自己一腔熱血的建議或意見屢屢被上司駁回，甚至是因為被教訓而失去對工作的熱情，變得負面低迷起來，不僅對自己本職工作拖沓糊弄，而且還會影響到其他員工的積極性，對企業的良性

發展產生巨大危害。

　　事實上，很多上司因為顧慮到「面子」問題，表面上認真聽取員工的意見或者建議，但是聽過之後，就把這些員工「心血」扔到腦後。他希望員工在任何時候都對他的存在價值給予肯定，但這幾乎是不可能的，所以他拒絕聽取意見。

　　正因為如此，這使得那些自認為精明的上司對員工的意見視而不見，他生活在自己想像的世界中，而且他確信自己不會犯錯誤，所以變得越來越不願接受與自己相反的意見，自己控制著整個局面，而別人都是為他服務的。

　　這些上司向來不會重視員工的意見和建議，向來不會肯定員工，或者是鼓舞員工，如此，常常讓員工難以發表自己的話語，不能充分展現自己對工作的熱情，久而久之就只有挫折與沮喪，導致負面的面對一切。

　　身為上司，應該懂得尊重員工的意見，要讓員工進行自我管理，充分發揮參與式管理的作用，利用團隊建設，實現團隊的溝通與互動，提高團隊效率。

　　事實上，高明的上司更多的時候在傾聽，然後不斷地接受、採納各種意見，他不怕被員工左右；相反地，他們認為被員工左右更好，更能廣泛聽取、接受意見。這些上

司也不在乎接受別人的意見影響自己存在的價值，公司是大家的，只要對公司有益就可以接受，而唯一要做到的就是對眾多的意見進行比較、鑑定，以是否有價值為標準來取捨。

並且，許多高明的上司偏愛那些敢直言的，尤其是重用那些當初建議未被採納、但實踐證明是正確的員工，不僅可以提高他們對工作的熱情，而且還能提高他們對企業的忠誠對與責任感。

因此，身為一名上司，要做到肯定並鼓勵員工提出建議，無論最終是否採用，都要及時回饋，經常與員工保持互動溝通。千萬不要對員工的意見不理不睬，從而打擊員工對企業的熱忱和工作的積極性，否則對於企業的長久發展將是一筆巨大的損失！

如果員工失去激情與熱情，每天都會處在負面的狀態中工作，就不可能將每一件事情都很好的完成，更不可能有新穎的策劃或者是方案。一個企業失去了不斷變革創新的動力，沒有了員工們的熱情，那麼這個企業離倒閉也就不遠了。

對於一些無論做什麼事情都是一副負面心態的員工，更要充分的重視，並且及時的處理好，因為情緒是會感染

的。在一個企業裡，如果有一個負面的員工，而上司又睜一眼閉一眼，沒有很好的處理方式，其他的人勢必也會模仿、跟從，從而感染整個工作的大環境。

因此，接受員工的意見，並且及時肯定員工，才能讓負面的員工充滿競爭力，熱情的員工更加具有激情，才能讓整個企業更加具有動力。在這一方面美國福特汽車公司就做的很好。

福特汽車公司的總裁兼 CEO 唐納德‧彼得森（Donald Petersen）說：「當我開始參觀工廠並與員工談話時，令人欣慰的是我在同他們的交談中發現，他們具有巨大而積極的能量。一名員工說，他在福特廠工作了 25 年，以前對在工廠的每一分鐘都感到厭煩，直到工廠請他提意見時，情況才發生變化。他說那個問題改變了他的工作。」

尊重員工的意見並及時做出回饋，體現出的是上司對員工的重視。而員工受重視的感覺越強烈，他們就越會負責任，對工作也更盡職盡責。在戴爾電腦公司面對危機的時候，正是因為總裁戴爾敢找出問題的所在，做自我批評，從而帶動了員工的熱情。

西元 2001 年秋，戴爾電腦公司透過對公司內部人士的採訪發現，公司員工普遍認為 38 歲的戴爾待人接物過於

冷淡，在感情上太過疏遠，而在他們眼裡 50 歲的羅林斯則獨斷專行、處處喜歡與人作對。

公司上下幾乎沒人對這兩位上司忠心耿耿。更糟糕的是，這種不滿和負面的情緒還在四處蔓延。在實施了公司歷史上首次大規模裁員之後，公司於當年夏天做了一次民意調查，結果顯示，如果有機會的話，戴爾公司半數的員工將另謀高就。

為此，兩位公司上司非常重視員工的意見，因為他們害怕看到人才的大量流失。不到一週，戴爾便與公司的 20 位高層管理人員坐在一起，坦率地做了一次自我批評，他承認自己過於靦腆，以致於有些時候人們會覺得他過於冷淡、難以接近。

他鄭重承諾，自己將逐步與團隊成員建立更加緊密的連繫。房間裡的一部分人感到非常震驚。他們知道，針對公司主要上司進行的個性測試已經多次表明，戴爾是一個「極度內向的人」，在做出上述承諾對他而言是件極痛苦的事。

「這個做法的效果立竿見影。」負責美洲市場公共部門銷售業務的布賴恩・伍德說，「可以看出，這對他來說並不是件容易的事。」

戴爾並沒有就此止步。幾天之後，他們開始向公司多達數千的管理人員播放他的講話錄影。隨後，戴爾和羅林斯都在辦公桌上擺放了一個道具，以幫助自己改變固有的行事作風：一個塑膠推土機在警告戴爾，不要在不考慮他人的情況下硬性實施某些想法；而一個「好奇喬治」的玩具則鼓勵羅林斯在做出自己的決定之前應該先傾聽一下團隊成員的意見。

戴爾公司是一家「每位員工皆老闆」的公司。它的管理者在所有的員工中建立了一種共同的信念，其中包括責任、榮譽和有福同享。戴爾的管理者尊重每一位員工，將企業的成功歸功於員工的努力。任何一位員工都能夠感受到自己的工作是有價值的，任何一位員工都可以透過最直接的溝通管道，得到自己所需要的資訊。

在這種提倡平等交流的管理方式下，員工的意見和建議得到了充分的肯定，從根本上消除了員工負面的心理，從而使得每一位員工都能夠發揮出自己的潛能，為公司的發展而努力。戴爾的管理者為每一位員工投資，讓員工的責任感、榮譽感被充分調動，也使得公司的每一個問題都成為員工和管理者共同面對的問題。

沒有人會喜歡在上司的監督和管制之下工作，大部分人都喜歡享受工作，喜歡有領袖魅力的上司，他們如果能

得到上司的尊重就願意為自己喜歡的工作付出，願意為尊重自己的上司分憂解難。如果持續受到尊重、持續得到認可，他們將願意和上司成為朋友，成為互相督促的工作夥伴。

身為一名上司，也不要因為自己的經驗而拒絕接受員工的意見，即便員工總結的經驗其實幾年前你就了解，你還是應該耐心地去聽，因為你要了解在大多數時候，員工的意見並不是毫無價值和毫無意義的。

上司必須有海納百川的胸懷，去接受員工不同的意見和觀點。並且做到肯定員工的意見，即使是錯誤的，也應該在肯定其積極性後，根據具體的情況來具體的分析，讓員工認識到自己的錯誤，並且願意投入更多的熱情去解決這些問題。

在及時肯定員工建議的同時，無論建議好壞，也應該對員工的表示感謝：「沒想到你會想出這種辦法。你很認真，真不錯。」；「謝謝你能這麼細心地考慮問題，這個建議很好，我們一定認真考慮。」

只是口頭感謝還遠遠不夠，還應盡快拿出實際行動，對員工的建議仔細考慮、論證，如果確實可行，應及時採納，盡快實施，同時通知該員工，他的建議已經得到了採

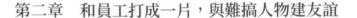

納。同時採取一些獎勵引導的措施，鼓勵其他員工積極為企業的發展出謀劃策。

　　總之，要想鼓勵員工積極為企業提建議，對員工的建議如何處置就至關重要。如果員工大著膽子為企業的某項工作提出了自己的建議，上司卻置若罔聞，使意見不知不覺中就沒了下文，那麼可以肯定，這名員工以後是不可能再為企業提出任何建議了，因為他的積極性受到了打擊。

　　所以，上司要想使「提建議」成為激勵員工的一種方式，就要對員工寶貴的積極性進行保護，這不僅可以對該員工產生激勵，同時也鼓勵了其他員工。企業只有充分肯定了員工的價值，才能讓員工充分發揮自己的積極性，讓員工對自己的工作充滿熱情，才能消除掉員工的負面心理。

虛心請教，讓有顧慮的員工敢說話

　　在一些企業裡，往往會有一些做什麼事情總是顧慮重重的員工，這些人無論接到什麼任務，馬上就會有各種各樣的擔憂，即使自己有更好的想法或創意也因為種種的顧慮而不願與人交流，尤其是與自己的上司交流。

　　也正因為他們的顧慮，總是會導致任務不能順利且及時的完成。而且如果形成了這種不良的氣氛，就很難讓大家都去積極的工作，也很難讓上司聽到下層員工或者是有關公司的一些資訊，甚至有可能導致上司決策上的失誤。

　　因此，身為一名上司就要主動積極的向這些員工們虛心請教，讓他們放下心中的種種顧慮，提出自己對工作、對公司的一些建議和意見，才能夠讓上司對自己的員工以及公司的狀況有更明確的了解，對公司的發展壯大也可以獲得更多的發展建議。

　　通常來說，請教外人比較容易，向身邊的人特別是向自己的員工請教，則不太容易，這涉及上司的面子和威信，使得不少上司難以啟齒。其實，對公司的情況，自己人往往更清楚，放低姿態向員工請教，既可以獲得超乎期待的資訊，還可以達到籠絡人心的功效，可謂一舉兩得。

　　企業內，上司作為決策者通常認為自己經驗豐富、能力出眾，但「智者千慮、必有一失」，再精明的上司也不可能了解方方面面的資訊。

　　決策僅憑主觀判斷，只從自身出發，難免產生偏差。不同意見多來自於決策層之外，員工的不同意見，是決策者獲取全面資訊的重要管道。決策者了解的資訊越充分越

全面，就越能避免決策失誤。

所以，正確的決策並非是在一片歡呼聲中做出來的，正確決策的第一條規則就是：必須聽取員工不同的意見。不同看法的對話，可以做出正確的決策來。所以，卓有成效的決策者往往不求意見一致，反而十分喜歡聽取不同的意見。

無論你是一個怎樣的天才，無論是怎樣的能幹，一個人的能力總是有限的。要做一個好上司，並不容易，有的上司被各種事情弄得無力招架，卻未能取得好的成績。

有些員工不習慣於解決問題，並不是他們不能解決問題，而是有著種種的顧慮。這時上司不妨對員工說：「你自己分析一下，提出個措施來吧！」或者是說：「你有什麼問題或者是建議，可以說出來，大家一起討論解決。」這樣才能讓員工放下顧慮，積極去解決問題。

如果在一個公司，員工都遵照命令行事，即使公司再大，人才再多，也不會有發展。員工的「真心話」不一定都是真知灼見，但一定是肺腑之言。成功的管理者懂得讓員工說出他們的「真心話」，企業的各項管理才能做到有的放矢，才能避免因主觀武斷而導致決策的失誤。

因此，身為一名上司要擅於引導員工放下顧慮，擅於

夫向員工請教，要鼓勵員工們暢所欲言，對公司在發展中存在的問題，甚至上司的缺點，員工都可以毫無保留地提出批評、建議或提案。如果人人都能提出建議，就說明人人都在關心公司，公司才會有前途。

下面例子中的何志剛對於這一點更是深有體會。

何志剛是一家民營製藥企業的總經理，別人為員工「不聽話」發愁，他則為員工的「人聽話、不說話」發愁。每次工作會議，討論新議題時，幾乎都是他開「一言堂」。無論是部門經理向他彙報工作，還是員工向部門經理彙報工作，幾乎聽不到建議。

該公司還為此吃過苦頭，前些日子由於公司財務管理有漏洞，各分公司經理紛紛私設「小金庫」，公司總部入不敷出，幸虧一位同行及時提醒，才得以轉危為安。讓何志剛不明白的是，公司那麼多的部門經理，為什麼就沒有一個站出來說「真話」呢？如何才能將員工的真話掏出來呢？

後來，何志剛專門買了幾本關於管理的書籍，認真的學習後，才發現是自己的管理出現了問題。於是，在之後開會前幾天，他總是先將開會的內容要商量的方案，提前交給各負責人，並且要求他們在開會的時候盡量提出自己

的建議，哪怕是錯誤的、不成熟的建議都是可以的。

而在開會的時候，他也一改常態，任由大家發表意見，最後根據大家的意見讓大家來共同決定哪些更實用、哪些需要改進或者摒棄。

沒想到，何某這些操作後，員工們都積極性一下子調動了起來，尤其是每次開會前，大家為了讓自己的方案更具有說服力，對工作不僅擁有了更大的熱情，而且還考慮的面面俱到，時刻為公司的利益與發展考慮，同時也打消了他們往常的種種顧慮，常常有員工一有什麼好的專案就急匆匆的來向他交流。讓何某感覺到自己公司彷彿是一臺卯足了勁的機器，一下子飛速的運轉了起來。

一個上司如果只是固執地相信只有自己的方針才是對的，從不給員工發表意見機會，那他永遠無法走出自己狹窄的見解範圍。唯有把員工的智慧當作自己的智慧，才能有新的構想，這是上司的職責，也是使公司、企業發達的要素。

其實，一個部門或單位取得的成績，上司的功績固然不可抹殺，從決策到落實，上司必定付出超常勞動，但是員工的作用更是巨大，正所謂「工作靠大家」，孤家寡人必然一事無成。

　　事實上，有效的上司並不一定建立在個人的權威之上，有時放低姿態反而更容易贏得員工的心。虛心的請教，才能讓大家放下心中的顧慮，只有群策群力，才能使企業飛速的發展壯大起來。事實上，美國的許多企業都是採用這種手段，並且獲得了良好的效果。

　　在通用電氣公司裡，每年約有 2 萬到 2.5 萬員工參加「大家意見會」，時間不定，每次 50 到 150 人，要求主持者要擅於引導大概地陳述自己的意見，及時找到生產上的問題，改進管理，提高工作品質。當基層開「大家意見會」時，總裁韋爾奇還要求各級經理都要盡可能下去參加。他還以身作則，帶頭示範，不過他常常只是專心地聽，並不發言。

　　開展「主意會」活動後，除了在經濟上帶來巨大收益之外，更重要的是使員工感到自己的力量，精神面貌大變，給公司帶來了生氣，取得了很大成果。

　　在一次「主意會」上，有個員工提出，在建設新電冰箱廠時，可以借用在哥倫比亞廠房的機器設備。哥倫比亞廠是生產壓縮機的工廠，與電冰箱生產正好配套。

　　這個建議，為企業節省了一大筆開支。這樣生產的壓縮機將是世界上成本最低而品質最高的。經韋爾奇的努

力，公司從西元 1985 年開始，員工減少了 11 萬人，利潤和營業額卻翻了一番。

後來，韋爾奇還研究出了很多讓員工參與決策的好方法，「群策群力」即為其中很重要的一種。「群策群力」就是舉行各階層職員參加的討論會，在會上，眾人可以動腦筋想辦法，共同解決出現的問題，同時取消各自職位上多餘的環節或程序。最能體現群策群力巨大作用的例子是「博克」牌洗衣機的誕生。

在通用電氣的家電部有一個專門生產洗衣機的工廠。從西元 1956 年建廠以來的 30 多年間，經營得非常不好，生產出來的老式產品賣不出去，在西元 1992 年損失了 4700 萬美元，西元 1993 年上半年又損失了 400 萬美元。

西元 1993 年秋，公司決定賣掉這家工廠。這時候，一個名叫博克的公司副總裁站了出來，他讓專門召開大會，讓所有的員工們都放下自己的顧慮，為即將面臨的倒閉的工廠出謀劃策。事實證明，這位副總裁的確是找到了解決公司困境的辦法。

營造民主氛圍就是要員工擺脫心裡的各種顧慮，充分運用自己的智慧進行大膽創新。畢竟員工要為自己提出的意見負責任，所以意見也是不能亂提的，必須有一定的把

握，這就使得一些膽小的人不敢說出真心話。而身為上司只要願意放低自己的身分，虛心地向員工進行請教，讓員工有一種重視感、親切感，才能使員工們坦然的放下心中的種種顧慮，願意去為企業出謀劃策。

體諒員工，讓憂慮員工安心工作

憂慮不安的員工定然是做不好工作的，他們的心思整天都是在自己所擔憂的事情上面，在工作方面也就難免會出現一些差錯和疏漏。如果不及時改變這種情況，及時解決員工心中的憂慮，那麼員工的工作永遠不能完美的完成。

身為一名好的上司應該懂得多體諒員工，俗話說：「澆樹要澆根，帶人要帶心。」身為上司必須掌握員工的內心願望和需求，並予以適當的滿足，這樣眾人才可能追隨你。

然而，現今的一些企業上司並沒有能夠掌握到員工內心真正的需求和憂慮，以至於不能解決員工的後顧之憂，讓他們無法安心地把工作做好。

在現實生活當中，許多上司，由於處於一個高高在上

的「官」的位置上，又由於自己也要面對著來自多方面的壓力，常常會有意無意的對員工表現出一張冷淡的面孔。而員工是人，是有情感需要的，他們迫切需要得到來自上司的溫暖，需要上司的安慰和鼓勵。

如果上司不擅於體諒員工，就不會滿足員工的這種需求，更不會發現員工的憂慮和不安，以致做事我行我素，只懂得下達命令，缺乏必要的「人情味」，這樣的上司是不會受到歡迎的。久而久之也會讓這些憂慮不安的員工變得負面、沮喪起來。

不同的員工對需要和願望的側重有所不同。身為上司，應該充分認識到每個員工的側重需求。對這位員工來說，晉升的機會或許最為重要，而對另一位來說，工作保障可能是第一重要的。

因為各方面而導致憂慮的員工，往往會魂不守舍，整天為自己的擔心的事情而憂慮，難以做好手上的工作。所以身為一名上司，及時排除員工的憂慮，讓員工每天都能夠安安心心的上班工作是非常必要的。

鑑別員工的需要對上司來說並非易事，所以要警覺到這一點。員工嘴上說想要什麼，而實際上他們卻想要別的什麼東西。例如，他們可能聲稱對薪水不滿意，但他們真

正的需要卻是要求得到其他員工的承認。為了搞好企業內的人際關係，上司應該了解這些需要，並盡可能去創造能滿足員工的大部分需要的條件。

為此而努力的上司會與他的員工相處得最好，使得上下一心，有效地、協調一致地進行工作。下面的例子就很好的證明了，只有及時排除員工的憂慮，才能更好的讓他們為企業工作。

在一家紡織廠中，有個女工的母親病故，父親癱瘓在床，姊妹五個，她是老大，下面四個妹妹都需要照顧，家境十分困難，光是家務勞動就已經令她疲憊不堪了。而廠房的工作時間是輪班制，上下班時間不固定，該女工家務勞動和工作的時間分配十分衝突。因此她經常遲到早退，工作沒精打采，按照廠紀廠規，她常被扣減獎金，甚至被扣發薪資，又使她本來就十分困難的生計更是雪上加霜。雖然這位女工毫無怨言，但是家裡的經濟情況一直讓她存在的後顧之憂，沒有辦法安心工作。

後來，廠房主管知道這個情況後，主動為她調動了薪資，既不會耽誤家裡的家務，也不會讓她疲於奔命。相關主管還不定期地到她家進行慰問，送給她一些錢和物品，對她貧困的家庭給予了很大的幫助。為此，這位女工特別

的感激，上班時勤勤懇懇，事事為廠房著想，年終還得了優秀模範員工的獎項。

俗話說：「家家有本難念的經」，員工不能安心的工作，身為一名上司，應該及時了解情況，及時解決問題，才能讓員工更好的工作。

社會發展到今天，人們基本已不再為吃穿發愁。但你的員工雖不為吃穿發愁，但他們很可能會為其他的問題而憂慮，比如孩子的上學問題、老人無人照顧、離家太遠、戀人身體不好等。

身為上司一定要把員工的疾苦放在心上，體諒員工的這些困難，並且及時為員工直接解決實際問題，這樣，他們才會追隨你，才能做好自己該做的工作。

關心員工疾苦，就要急員工之所急，解決員工的後顧之憂，這個道理是適用於任何團體的。一個優秀的上司，不僅要擅於激勵員工更努力地工作，更要精於透過替員工排憂解難來喚起他內在的工作積極性，要替他解決後顧之憂，讓他的生活安穩下來，集中精力，全力以赴地投入到工作上。

為此，甚至有些上司提出了「員工第一，顧客第二」的經營理念，這樣做並不是不重視顧客，而是說作為上

司，首要工作是建立有效的團隊，激發員工的忠誠度和進取心，鼓勵他們打破傳統，共同營造一個快樂的工作環境，進而獲得了令人震驚的工作成果。

試想一個員工效率低下、怨氣沖天或者是整天憂心忡忡的公司怎麼可能有高品質的產品和服務呢？因此，只有滿足了員工的需求，解決了員工的憂慮，才能反過來做到顧客滿意。

身為一名上司，如果發現員工憂慮不安，應該及時地透過溝通和及時的交流，來從正面和側面了解員工的現狀及需求。如果一旦發現員工的需求，就要為他們創造能滿足需求的機會，上司應該讓員工知道，他們是時刻被關注的，任何困難都可以透過上司來解決，從而產生充分的信任。

凡事為他人著想，尤其是身為一名上司，更應該時刻關注自己的員工，不可將自己的思想強加給員工，去了解員工、體諒員工，才能讓員工與自己貼的更近。

下面這個例子中，作為主管的劉濤不經意間聽到員工的對話後突然認知到，原來自己一直都是按照自己的想法在做事，並沒有真正的去體諒自己的員工。

作為主管的劉濤是非常有能力，事業心極強，但他發

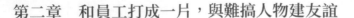

現自己的員工對自己總是一副畢恭畢敬的樣子，凡事都很客氣，談話從不涉及工作之外的事情，一點不像其他部門的員工與主管那樣無話不談、親密無間。好在工作中並沒有什麼不愉快的事情發生，所以，他也沒太在意。

有一天午休期間，劉濤在公司對面的茶樓裡無意間聽到自己的兩名員工在談話。其中一個說道：「經理是怎麼搞的呀，國慶日又要加班！我家裡還有很多事情呢！」

一個人說：「你還不知道經理這個人啊，他是想給你增加一點加班費，節、假日的薪資是平時的兩倍，你不是老是說家裡開支太大嗎？」

劉濤聽到這裡，心想畢竟還有人了解自己，自己在安排加班的時候總是會考慮到哪個人需要這項工作，並不是隨心所欲地指派，看來自己還是有幾個知己的。

想到這裡，他甚感欣慰，正想分辨說話的人到底是誰，只聽第二個人又說道：「可惜經理總是用他自己的心思來猜別人，你不知道，這位經理小時候家裡經濟困難，受了很多苦，生活上也沒有什麼樂趣，也不會把工作當成一種享受，和他一起工作，我們這些職員就受苦了。」

「你不是挺受他重視的嗎？怎麼也這樣說他？」

「這是兩回事。」只聽那位員工說道，「工作上他確實

很有能力，但和人交往上，卻不夠變通，我跟著他工作三年了，他對我確實挺好，可是他不理解人，我和同學聚會唱歌，他說我不務正業！上次跑業務的事情，要不是我的同學幫忙，肯定不會這麼快！這些事情即使告訴他，他也聽不進去，雖然他的工作能力很強，但都是笨辦法，現在誰能和他一樣拚命，有時候還擔心自己用一些捷徑去解決問題，又向上次一樣被他罵一頓！」

這段在茶樓無意中聽來的話，讓劉濤一下子明白了，原來自己從來沒有真正地為員工們想過，他們也有自己的想法，有自己的處事方式，而自己常常喜歡把自己的意志強加給他們，這是多麼的不公平。

從此之後，劉濤懂得了更多了關注員工的思想，體諒他們的難處，並且在工作任務方面及時進行調整，及時的排除了大家在工作、生活當中的憂慮。員工們也因此跟經理關係更好，而且工作也更加有熱情，整個部門也因此取得了更好的成績。

體諒員工並不是什麼高深的學問，人人都可以做到，就看身為上司的你用不用心了。及時了解員工的難處，設身處地為員工著想，排解員工的憂慮。這樣，員工也會自然而然地為你著想。

只有使員工在不受到外力壓迫的情況下，在以後的工作中會更有效地督促自己努力，為公司發展做出自己更大的貢獻。同時，在他的心裡，也會對你的體諒心存感激之情，從而更加的信任你、尊重你。

擅於微笑，給憂鬱員工更多動力

企業中常常能見到一些員工，整天默默無聲，整天都是一副愁眉苦臉，好像天天都在因為什麼事情發愁，讓人一靠近他就感覺到一陣沉悶。這種員工始終似一股陰鬱的烏雲一般，籠罩在辦公室裡，也因此會常常破壞辦公室和諧向上的氣氛。

因此，身為上司要及時的與他們進行溝通，對他們要保持微笑，用自己的微笑，來讓他們感覺到上司乃至企業對自己的關心與重視，從而讓他們也多一些微笑，在工作之中才能更多一些動力。

微笑管理是許多企業主管所採取的明智之舉，主管要經常把微笑掛在臉上。持之以恆的微笑會傳染給每一位員工，讓原本緊張的工作氣氛變得輕鬆活潑，員工心情愉悅了，就自然會愉快地接受各項指令，工作效率也會隨之提高。

　　如今，在臉上掛上微笑是現代管理所不可缺少的，上司對員工主動的微笑意味著其平易近人的管理風格。一些上司對工作認真盡責，全力付出，可是他滿臉倦態，鮮有笑容，這就讓他失去了上司應該擁有的最基本魅力。

　　整日板著臉，動輒對員工訓斥的管理人員永遠不可能被員工當知己看待，因此員工不可能在工作中投以全部精力與智慧。而上司的微笑則具有非同一般的鼓動力，它既是對員工勞動的認可和讚賞，又是一種勉勵。

　　令人遺憾的是，許多的上司在面對員工時，臉上永遠不見笑意，或許他們認為這樣才能在員工的面前樹立威信。認為自己是上級，在下屬的面前如果太過於隨意、不夠嚴肅的話，，會降低自己在員工面前的威信，這種認識就導致了有些上司在面對員工時，無論是在什麼時候，表情都十分嚴肅，始終難以見到其臉上會露出笑意。

　　這樣的上司只會讓員工們對他越來越會疏遠，尤其是那些本來每天就悶悶不樂的員工，彼此之間更加缺乏有好的交流和互相的鼓勵，工作自然做不好了。

　　所有的員工都喜歡與歡樂及精力充沛的上司共事，而厭惡與一個鬱鬱消沉、經常陷入失敗頹廢思想的上司一同工作。同樣，員工們也不喜歡自己的身邊有一個鬱鬱消

沉、經常陷入失敗頹廢思想的同事。

　　下面的例子說明，微笑對待自己的員工，尤其是那種整天憂鬱的員工，不僅可以使他們變得積極主動起來，甚至還可以改變他們的命運。正如下面故事中的何麗一樣，上司多一些關懷、多一些微笑，才讓她揮去了每天縈繞的憂鬱情緒。

　　何麗在和男朋友分手後，就傷心地離開了那家公司。為了生計，她又來到了現在的這家公司。何麗因為分手的打擊太大，讓一個活潑的人變得憂鬱了起來，來到新公司，何麗整天總是鬱鬱寡歡，無論幹什麼都是默默的一個人。

　　也正因為如此，身邊的同事也都刻意地跟她保持距離，反而讓她感覺到更加的孤獨憂鬱，常常因為一些小事就跟自己賭氣，尤其是工作做不好後，常常都抱著「事情會變得更糟，但無可奈何」的念頭，也正因為如此她被前任主管批評過許多次。

　　但是新來的主管卻改變了她的這種境況。新來的年輕主管叫陳偉，每天看起來精神抖擻，面帶微笑。他每天早上上班，第一件事是笑著跟每一個同事打招呼，很快就在同事之間留下了很好的印象，這其中也包括何麗。

很快陳偉也發現了何麗的憂鬱與不合群，所以每次笑著打完招呼後，總是要多和何麗聊兩句。即使是何麗偶爾犯了錯，他也總是微笑著，非常和氣的告訴何麗該怎麼做、以後應該注意什麼，不久何麗漸漸的將心中的那塊悲傷放下了。

在陳偉的感染下，也終於恢復了從前的微笑，和同事們間的關係也融洽了許多，工作中也很少有疏漏和錯誤了。兩人不僅在工作上有了更多的默契，在感情上心也靠的越來越近。

事實上，微笑管理還是一個不需要增加投入的管理，它不需要任何人力、物力、財力的投入，需要的是上司發自心底的一個微笑 —— 輕輕地臉部肌肉運動而已。不僅強而有力地感染了那些整天陰鬱的員工，讓他們開朗的面對生活中的每一天，在工作當中更有動力和熱情。同時，也是一種能給企業直接帶來經濟效益的高效管理。

在某種意義上來說，身為一名上司必須傾注全力演出一個最具「成功形象」的優秀領袖角色，把活潑、愉悅的微笑臉孔展現給大家，把積極、自信的堅毅精神散發出來。對於這一點古永鏘就做的非常好。

提起古永鏘，網站編輯崔希真第一反應是「總是面帶

微笑，英語說得很好」。盡管她和古永鏘基本沒什麼接觸，但依然能感受到其濃烈的職業經理人風範。

古永鏘的微笑傳播範圍其實相當廣泛，影響力也很深。在其離職的消息爆出時，曾有記者撰文：《別了，古永鏘》，評價古永鏘是一個「具有很高的專業水準、待人以禮、觀點獨到」的職業經理人，這似乎也是員工們對古永鏘的共識。

回憶與古永鏘共事的日子，那位已離職的員工說：「他非常專業，非常理性。他的形象始終不變，一直面帶微笑，說話非常客氣。無論什麼情況下，你做錯什麼，他都從來不會加以指責，他對員工從來都是保持提出建議、指導你解決問題的態度。從來沒見他發過火。」

時尚、陽光是他的代表詞，古永鏘用微笑傳達出他無比的親和力。這對一個管理者而言，無疑是至關重要的優良品德。一位員工說：「我們上上下下都對他很服氣，和張朝陽相比，古永鏘很低調、內斂、謙和，但他內心很有熱情，這一點他拿捏得非常好。」

當一個上司，能以所向無敵的鬥志及歡愉的心情，來從事其職務時，無形中就會營造企業良好的團隊氣氛，激發員工光明與積極的團隊力量，同時也能使那些整天憂鬱

的員工逐步走出自己心理的陰影。反之，當一個上司終
日愁眉苦臉、唉聲嘆氣，抱怨上司難為，或是工作負荷
過重，就會使整個團隊陷入「低氣壓」中，嚴重影響工作
效率。

　　美國密西根大學的心理學家詹姆士‧麥克奈爾教授談
到，有笑容的人在管理、教導、推銷上更能成功。真誠的
微笑不但可以讓人們和睦相處，也給人帶來極大的成功。

　　從上司角度看，企業實施微笑管理，可以表現上司的
宏大氣度，出現矛盾時，微笑可以使雙方恢復理智，化干
戈為玉帛；微笑管理也是讚揚和鼓勵員工的重要方式，當
員工創造出良好業績時，管理者的微笑代表了肯定和讚
許，員工能從微笑中受到鼓舞，獲得力量，並煥發出更高
的工作熱情；當員工憂鬱消沉的時候，上司的微笑可以讓
員工感到心底的溫暖，從而走出自己心中的「黑暗」。

　　事實上，當主管適時運用微笑管理時，一張滿面春風
的笑臉傳遞出對員工的尊重、信任、關懷的訊息，這能夠
間接消除員工的緊張和對抗情緒，讓他們從微笑中獲得價
值滿足，從而更積極地做好工作。

　　總之，微笑不僅表現了上層人員在工作中的豁達情
懷，更反映出企業內部人際關係的融洽與和諧。它讓工作

與工作變得更加緊密，讓人與人之間更加信任和寬容，是一種建立在管理與被管理者之間並使之心靈相同的橋梁。因此，主管在工作中請不要吝嗇你的微笑。

巧表關懷，敲開冷漠員工心扉

在企業中，那些冷漠的員工遇到任何的事情總是一副置身事外的態度，對生活、對工作沒有任何的熱情，這些人是很難團結在一起，因為他們的冷漠，反而會破壞企業的凝聚力。因此，對於這類的員工，應該多加注意，多去了解、關懷他們。

客觀地講，被關懷是每個員工內在的特殊動機和需求。企業上司只有掌握這一管理人的要素，才能調動員工個體的主動性、積極性和創造性，讓員工發揮最大的能力，為實現共同的目標而努力工作。

現代社會文明雖在孜孜追求人性的境界，而社會競爭卻引導一些人忘了關懷。越來越多的企業主管因競爭無形中更加傾向於利益，把員工看做是為自己賺錢的工具，無休止的要求其做事，從來不予以一定的關懷。

美國著名的管理學家湯瑪斯‧彼得斯曾大聲疾呼：「你

怎麼能一邊歧視和貶低員工，一邊又期待他們去關心品質和不斷提高產品品質！」這樣的上司是不合格的，這樣的企業終究不會長久發展。高明的上司會想盡辦法在公司營造家的氛圍，讓員工在公司裡也能感受到家的溫暖和關愛，才更能讓冷漠的員工敞開心扉，共同為企業的發展而努力。

上司是率領一個團隊來完成工作的。只有關心員工，贏得員工的忠誠，才能真正建立自己的影響力。關懷員工，同時也應該發現員工的「發光點」，許多負面、冷漠的員工就是因為認為自己這匹千里馬找不到伯樂，發揮不出自己真正的才能，變得負面，沒有競爭力，從而對任何事情都冷漠、不屑一顧。

下面的例子就說明了這一點。

一直以來，王佳威都認為自己是個平凡的人，平凡到在人群裡不會有人發現他的存在，就像一顆小小的塵埃，太渺小了。因此，已經開始工作的他，內心深處仍有一種揮之不去的強烈自卑感。

王佳威大學時主修會計系，在公司他的主要工作就是做做統計、簡單的報表，並且他這個工作一做就是兩年，覺得自己算不上公司財務部真正的員工，而只是一個打雜

的人。每天幫這個會計做報表，明天幫財務打文件，只要是辦公室閒雜的事，都歸他來處理。

在公司裡很多人都笑王佳威沒有出息，但每次他都保持沉默。在他的內心裡，他是渴望成功的，因為他相信自己的能力。但是面對現實的處境，他只能冷漠對待，這樣才能少一些譏諷、嘲笑。

後來財務部發生人事調動，王佳威原本的直屬上司被調到其他職位上了，新來了一位的經理叫于志。在接下來的日子裡，王佳威覺得于經理就是他生命中的貴人，因為是于經理發現了他的「發光點」，並且將他從冷漠負面當中挖了出來。

自從于經理上任後，沒多久他就發現王佳威雖然沉默少語、處事冷漠，但是工作態度非常好，不僅如此，他非常細心而且任勞任怨。正是他的這種心態，讓于經理覺得這個人不僅能承擔責任，在遇到困難時，也不會驚慌失措。

唯一的問題就是王佳威有時候過於冷漠了，於是，于志逐漸地靠近王佳威，並且隨時關注著王佳威的舉動。透過自己的觀察以及打聽，于志才發現原來是王佳威感覺到自己的才能未被發揮，且又被其他的同事嘲笑從而變得冷漠。

　　為此，于經理開始適當的給王佳威分配一些工作，尤其是好幾次當著眾人的面表揚了王佳威，而在大家對王佳威評頭論足的時候，他也會制止，努力將王佳威融入到大家的團隊當中去。

　　王佳威的心態逐漸開始調整。事實上他本身就是一個熱情的人，只是接受不了大家對他的譏諷而冷漠起來，現在透過于經理的努力，在他出色的完成幾個任務後，大家對他的態度逐漸改變了，王佳威的心中也逐步開朗起來。

　　看到王佳威更好的表現後，于經理也開始重用王佳威。無論在工作還是生活上都很關照王佳威。而自從被于經理重用後，王佳威的工作越做越好，每次于經理交代給王佳威的任務，他都會快速並且完美地完成，讓于經理十分放心。

　　一次，公司調查出以前的壞帳，非常難處理，于經理覺得讓王佳威完成這個任務把握最大，比交給任何人都合適。王佳威接受了這個工作。每天起早貪黑，連續奮戰多天後，王佳威終於完成了任務，同事和上司們都對他刮目相看，連老闆見到王佳威，都會拍著他的肩膀，讚揚一聲。王佳威也逐漸樹立起了自信，與同事之間的交流也多了起來。

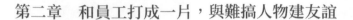

　　後來，于經理因故被調到分公司以後，王佳威在李經理的極力推薦下，晉升為財務經理，王佳威的人生從此發生了改變。

　　在現實生活中，像王佳威這樣普通的員工在每個企業都很常見，他們沉默少語，非常不起眼，對人處事也顯現的冷漠平淡，但是並不代表著他們沒有能力，只是缺少發現他們「發光點」的眼睛以及對他們的關懷，一旦受到重用，這些員工都是菁英，並且忠誠度很高。

　　身為上司，關懷自己的員工，讓員工對企業有種「家」的溫暖，才能夠更多的讓他們對企業有種歸屬感，才能夠打開那些冷漠員工的心扉，並且能夠拉近員工與上司之間的距離，從而更好的溝通、交流、協調、合作。

　　而下面例子中的這位經理就很好的做到了這一點。

　　在一家集團旗下的大企業，最近從敵對的企業裡挖來了一位經理，這位經理上任後發現自己的員工原來都是自己之前的競爭對手，之前為了各自公司的利益，他們之間都有一些衝突。而當這位經理到來後，這些曾經的對手員工們都對他表現的很冷漠，有時候他下達的命令不催促就很難完成。為此這位經理感覺困擾。

　　後來這位經理發現，這家企業的管理非常嚴格，員工

們每月只有很少的時間能夠陪伴家人。而且家人們從來也沒有到過公司親眼看看自己的親人是怎麼一種工作狀態。為此他建議每隔幾個月在各個部門搞一次「會餐」，準備一些普通的自助餐或便當，請全體員工和家屬自由享受會餐的快樂。

會餐在食堂內舉行，在那裡，大家無拘無束，享受著自己喜歡的食物，暢所欲言，特別是總經理與員工及其家屬們一起舉杯，為他們所取得的業績相互祝賀。

那些職員家屬們也在 12 年裡，第一次跨進公司，第一次看見他們的丈夫或妻子、兒子或女兒是在什麼樣的方式工作，是怎麼樣的工作環境。

這些家屬在享受美餐的同時，還會領到公司贈送的紀念物。當許多個小家庭融入了組織這個大家庭後，員工們從他們家庭成員的笑臉上得到了身為公司成員的榮耀，同時也意識到只有公司這個大家庭的發展才有他們小家庭的美滿幸福！同時，員工們也正因為如此，一改往日對這位經理的冷漠態度，多了幾分親切感和信賴。

事實證明，關心員工並不需要多麼龐大的儀式，上司只要把你對家人那種噓寒問暖的關懷，同樣送給你的員工就可以了。例如大家都會替親戚朋友過生日，員工也有生

日。如果能在員工生日那一天，在企業的公布欄或其他任何員工可以看得到的地方上醒目地寫上：「祝某某生日快樂！」，就能夠讓員工感覺到企業對自己的關心。

如果可以，再送上一塊生日蛋糕，讓部門的其他同事和他一起分享，就如同自己家人和朋友一起給他過生日一樣，試問員工怎麼會不感動？有的企業不僅會讓員工休生日假，甚至連員工配偶的生日都可以休假，這樣的做法肯定會讓員工感到溫馨。即使是遇到再冷漠的員工，也一樣能夠讓他打開心扉。

給員工多一些關懷，打開那些冷漠者的心扉，給他們奮鬥的動力，並且要讓他們感覺到企業的溫暖、團隊的溫馨、和諧與關愛，這種氣氛不僅有利於提高員工的工作積極性和創造力，還能為企業帶來很多利益。

寬容待人，適當放過犯錯員工

俗話說：「金無足赤，人無完人」。帶有斑點的白玉，並不代表它就不珍貴。同樣，犯了錯的員工，也不代表不可用。對待工作中出現失誤的員工，身為上司往往要寬厚相待，容人容事，不會抓住他們的小辮子不放。即使是那

些屢犯錯的員工，也應該讓對方積極地尋找問題的根源，而不是一味的批評教訓。

然而，有些上司一見到員工工作中出現失誤，立刻義憤填膺，對其失誤或錯誤進行聲討，或是不問青紅皂白，對相關責任人做出處理。殊不知，這樣行事，不僅會造成上下級之間的對抗情緒，也會使許多賢才失去了為公司效力的心志，如果讓員工產生了叛逆心理，反而更會在以後的工作當中錯誤頻頻。

相反，如果上司對犯了錯的員工抱持一種寬容的態度，給他們一個思過改過的機會，就會使其心存感激，重新鼓起勇氣，銳意進取，發憤補過。

事實上，員工最擔心的就是做錯事，尤其是費了九牛二虎之力卻依然闖了大禍，隨之而來的便是懲罰和責任問題。只要有行動，就會有過失與錯誤，常勝將軍絕無僅有，再仔細、再聰明的人也有「陰溝裡翻船」的時候。

翻了自己的小船也就罷了，一旦不小心「捅漏子」就有可能「吃不完兜著走」。沒有哪個人不害怕擔責任。

如果上司只會把工作硬塞給員工，而不給他們應有的許可權。一旦員工工作不能朝他們想像的方向發展的話，他們就會訓斥員工，無法寬容員工的錯誤、不分青紅皂

白、無論員工的過錯是否與自己有關都大發雷霆。

最擅於強調「我早就告訴你要如何如何」或「我哪裡管得了那麼多」之類的上司，不僅使員工不敢正視問題，甚至因為心存怨恨而不再感到絲毫內疚，而且日後同上司的關係有可能僵化。並且只會讓員工做事時提心吊膽的，不敢放手去做，因為怕犯了錯，而得不到起碼的一點諒解、久而久之必對工作失去熱情。

因此，在遇到問題的時候，身為上司一方面應與員工一起承認錯誤，表現出應有的風度；另一方面，即使有其他諸多是非，也應站在員工的立場，替員工「擋駕」的上司，是最會收買人心、最有人緣的人。

因此，上司的寬容不但能夠換來員工的活力和熱情，還能夠得到更高額的回報，才能夠提高企業的整體競爭力。日本角榮公司主管角榮就深諳此道。

日本角榮公司的情報科長江山因提供了錯誤的市場資訊，致使公司做了錯誤的決策，使公司蒙受了重大的經濟損失。對這樣的嚴重錯誤，在經理主持的例會上，經過緊急協商擬定了將損失減到最少的挽救方案。

但經理們對提供錯誤資訊的情報科長江山卻耿耿於懷，有的提出撤換江山，有的提出改組情報科，有的提出

讓江山反省，給他立功贖罪的機會。最終上司角榮採取了不以成敗論英雄，給江山立功贖罪機會的做法。之後，江山工作更加努力，為公司發展做出了很大貢獻。

荀子曾說：「群子賢而能容黑，知而能容愚，博而能容淺，粹而能容雜。」這裡講的就是寬容為懷的道理。寬容是做人的美德，是明智的處事原則，是博大的胸懷，是人與人交往的潤滑劑。無論每一個人，在人生過程中都會遇到情緒所迫的無奈，無可避免的失誤，考慮欠妥的差錯，這就要求上司要以善意去寬待有失誤和差錯的人，以寬廣容納狹隘，以寬廣大度去感化他人。

身為上司在工作中，要不斷地與人打交道，身邊是自己的員工，外面是客戶和競爭對手，他們每個人都有自己的個性、愛好和生活方式，教養不同，文化水準不一樣，生活經歷不同，不可能大家同一節奏，更不可能所有員工的言談行為都隨上級的心願。

英國詩人約翰·濟慈（John Keats）說：「每個人都有缺點，在他最薄弱的方面，每個人都能被切割搗碎。」

員工也是平凡的人，都有弱點與缺陷，也都可能犯下這樣那樣的錯誤。水至清則無魚，身為上司要有寬容的心態和素養，能容忍員工的缺點和錯誤。難道因為看不慣員

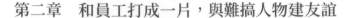

工愛聊天嬉鬧就不管他工作是否優秀而辭退他嗎？這當然是不可能的，也是不現實的。

用人，在於求其所長，而不在於求其完美。如果一個上司，老是挑剔員工的毛病，就會極大地削弱他們的工作熱情，甚至會使他們產生反感，這樣就會影響他們的積極性、主動性和創造性，以及在工作中的發揮，從而對企業發展產生不利的影響。

成功人士中的佼佼者希爾頓在選拔、用人方面做得就很好。

希爾頓對每個人都很信任，放手讓他們在職務範圍中發揮聰明才智，大膽負責地工作。如果他們犯了錯，他常常單獨把他們叫到辦公室，先鼓勵一下，告訴他們：「當年我在工作中犯過更大的錯誤，你這點小錯誤算不了什麼，凡是工作的人都難免會出錯。」然後在客觀地幫助他們分析錯誤的原因，並一同研究解決的辦法。

希爾頓之所以是成功者，其中一個原因就在於他在用人方面做的很好，他既懂得寬容大度，適當的放過員工的錯誤，而且還懂得尊重員工，顧及員工的面子，並且給予一定的鼓勵。最後，與員工一起分析問題的所在，來解決問題。作為員工自然願意更加努力的去為他「賣命」。

事實上，員工犯的一些錯誤，在當時看起來是很嚴重的錯誤，但在處理的實際過程中，會發現問題其實並沒有想的那麼嚴重。甚至有時候反而會帶來意外的收穫。下面的這個例子就很好的證明了這一點。

有一家工廠要訂購一部大機器。這部機器要用 3 部卡車的負載量才能運來，放置這部機器的坑洞比一般規格的游泳池還要大。在機器進廠那一天，設計這個坑洞的工程師對他的老闆說：「我犯了可怕的錯誤，我們不能用這坑洞！」

老闆愣了，工程師表現得像犯人一樣。但是兩人一研究才發現事情並不像原先想的那麼糟，也沒有那麼慘。他們一起改進了規劃過程。老闆也沒有處分工程師。此後，這位工程師都會自由地、富有想像力地決定他要做的事。

事實上，在企業裡出現的大多數的錯誤都是誠實的錯誤，即使是經常犯錯誤的員工，所犯的錯誤也是誠實的錯誤。

犯了誠實錯誤的人帶給他們自己的擔心超過了對錯誤本身的擔心，擔心他們將得不到任何東西。所以，身為上司，即使是員工犯了錯，並且屢次犯錯，也不應該戴有色眼鏡看待員工。在這一點上，索尼公司就做的特別好。

　　索尼公司用人的一個祕訣就是既尊重員工、又寬容員工的錯誤，以此來調動員工的聰明才智。盛田昭夫對屬下說：「放手去做你們認為對的事，即使你犯了錯，也可以從中得到經驗和教訓，使以後不再犯類似的錯誤。」

　　盛田昭夫對待犯錯誤的屬下不是追究責任，而是查找原因，幫助犯錯的員工改正錯誤，不斷完善自己。他說：「誰也免不了犯錯，而這些錯誤也不至於動搖公司的根基。如果一個員工因為犯錯誤而被剝奪升遷的機會，也許就會一蹶不振了，還怎麼能為公司做貢獻呢？」正是因為盛田昭夫這種寬容的用人理念，才使索尼公司在日本市場上保持了極高的競爭力。

　　抓住犯錯誤者的小辮子不放，這是上司最容易想到並且習慣去做的，其目的通常都是為了追究個人責任，制止不良行為的發生，以及使其他人受到警戒，防止錯誤的再次發生。

　　事實上，責任固然重要，也應該受到重視，但是過分地強調責任，有時反而會產生反作用，會導致員工形成「多做多錯，少做少錯，不做不錯」的錯誤觀念，在工作時縮手縮腳，不敢嘗試新方法和新技術，阻礙工作效率的提高。而且，在出現失誤後，員工更多考慮的是怎樣隱藏問

題，推卸責任，這對於企業的發展是相當不利的。

由此可知，寬容是一則重要的用人之道。作為一個上司必須要能想得開，看得遠，從發展的角度考慮，從大局考慮，得饒人處且饒人，對人要學會寬容。學會善待員工，擁有豁達、寬容的胸懷是成功的主管必備條件。

感情投資，消除員工的牴觸心理

在企業裡擁有牴觸心理的員工，是不可能盡善盡美、順順利利地去完成上司交付的任務的。這些員工往往是很難管理的，因為即使是他們在表面上對上司應承的很好，但是在暗地裡在工作當中，發洩出自己的不滿和牴觸。之所以會讓員工帶有牴觸心理，也往往是因為上司的管理不善，或者是企業的制度存在著一定的問題。

事實上，那些凡是在事業上有野心的上司，無不在籠絡員工、挖人牆腳方面煞費苦心，目的就是為了拉攏和控制員工。

有許多身居高位的上司，常常視員工如自己的知己朋友，特別是現代一些著名的企業家，更懂得感情投資的重要，他們無時無刻不在運用這種攻心兵法。他們懂得，作

為上級，只有和下屬搞好關係，才能調動他們盡心盡力的去工作。也只有這樣，才能夠消除掉員工的牴觸心理，讓員工的思想始終將工作、將整個公司都能夠放在重要的位置上。

在人際交往中，感情是必不可少的因素，人情是相互間建立良好關係的潤滑劑。聰明的上司都十分注重感情投資。當然，光會說一些漂亮話是不夠的，還要配合實際行動，在一些細節上不失時機地顯示你的關心和體貼。

日本著名的企業家松下幸之助就是一個注重感情投資的人。

松下幸之助曾說過：「最失敗的上司，就是那種員工一看見你，就像魚一樣拚命逃開的上司。」他每次看見辛勤工作的員工，都要親自上前為其沏上一杯茶，並充滿感激地說：「太感謝了，您辛苦了，請喝杯茶吧！」

正因為在這些小事上不忘記表達出對員工的愛和關懷，所以松下幸之助獲得了員工們一致的擁戴，都心甘情願地為他效力。

許多上司知道要對員工進行必要的感情投資，但是往往忽略了一點，那就是感情投資不可講究一日之功，畢竟人與人之間的理解與信賴需要一個過程。如果僅在需要員

工奉獻時才臨時抱佛腳，或者總是希望員工感恩戴德，那樣效果就不會明顯了。

　　所以，上司對於人情投資，必須有一個正確的認知—— 要是一貫的，不能只做表面功夫或只保持三分鐘熱度。正所謂「路遙知馬力，日久見人心」也是這個道理，大多的感情投資需要較長的日期才能結出果實。所以，在日常工作中，上司不可錯過任何與員工聯絡感情的機會。

　　無論是誰，都願意在一個富有人情味的團隊裡工作和生活。身為上司，按照員工的需求適當的給員工以尊重、給生活窘迫者以財物、給落難失魄者以支持，有時候，幾句「甜言蜜語」，一聲溫暖的寒暄，往往比許以職位、給以重獎更能感動員工。

　　有些話的分量並不重，但因為是從上司的口中說出來，盡管輕描淡寫，卻能收到籠絡人心的奇效。

　　在細節上的關懷和體貼，懂得感情投資，才能夠讓員工感覺到自己時刻都受到上司們的關注與重視，才能夠讓他們的心緊緊地貼向工作和企業，才能夠消除他們對工作、對企業的牴觸情緒。

　　下面劉師傅的經歷就很好的詮釋了這個道理。

　　劉輝在釀造廠已經有十幾年了，大家都尊重地稱他為劉師傅。前段時間劉師傅的肺結核復發了，在醫院裡整整住了七天才康復。然而在這段時間裡，除了幾個關係好的工友過來探望劉師傅外，廠裡一個上司都沒有過來探望過劉師傅。為此，劉師傅感覺特別的生氣和不滿，心想：「我在廠裡都快做了一輩子了，比其他員工都要來得早，苦活累活也都是搶著做，勤勤懇懇的，也從來沒有出過錯，給廠房惹過麻煩、造成過任何的損失，可惜了，現在老了、生病了，這些人來看都沒有看我一眼，真是沒有良心，就算我現在死了也不會放在心上……」

　　劉師傅越想越生氣，本來已經可以出院了，他硬是拖著不出院，不願意這麼快就去上班，甚至感覺自己已經沒有多少心思繼續去上班了。

　　沒想到第二天，副廠長帶著好幾位廠房主管和禮物趕了過來，一到病床前，副廠長就連聲說道：「這兩天廠子進行大改造，引進了更新的設備和技術，我剛才從北京學習回來。還在人員管理方面做了適當的調整，可真是忙啊，沒想到在這重要的時刻劉師傅你卻病倒，我們大家也一直抽不出時間來看看，聽說你的病情已經好多了，大家都為你高興呢。」

　　副廠長的幾句話一下子讓劉師傅啞口無言。旁邊的工廠主任又接著說道：「平時你在的時候感覺不出來你做了多少貢獻，現在沒有你在位置上，就感覺工作沒了頭緒、慌了手腳。尤其是這段時間安裝新設備，對舊設備的改造方面，沒有你的指導還真不行啊。大家都盼望著你早點康復，肩負起組長的責任，盡快的教導其他的員工做好設備改造的工作。」

　　眾人的幾句話，讓劉師傅心中立刻暖洋洋的，他想自己對大家還是很重要的，原來公司還是需要自己的。而之前對廠裡的不滿和牴觸情緒一下子就蕩然無存了。第二天劉師傅就精神十足的擔負起了組長的自責，並且憑著他十幾年的經驗，沒有幾天就將舊設備改造的任務順利完成了。

　　上司的主要職責便是帶領著員工向共同的目標前進。試想一下，如果在一個企業中員工對上司說出來的話當作耳邊風，充耳不聞，甚至有一種牴觸的心裡，這樣的上司怎麼開展工作，又怎麼能說是一名合格的上司呢？正如下面例子中，李名巧妙地解開了員工心裡的「鎖」，才能讓員工放下心中對企業的牴觸。

　　有一家國營大型公司的人事經理是從國外留學回來的。這位經理叫李名，他上班沒多久就發現員工們的氛圍

並不是很好，有時候分配任務的時候大家都不怎麼積極，好像對企業有種牴觸不滿的情緒。

　　某一天不經意間，他發現辦公室裡的冰箱上竟然掛著一把大鎖，各式各樣的飲料被鎖在裡面。他有些奇怪的去問總經理：「為什麼要把冰箱鎖起來？」

　　總經理告訴他：「飲料過去是放在冰箱裡，供所有員工和外來客人隨時享用的，但每次我們將冰箱裝滿，一轉身再去看，冰箱就空了。這冰箱簡直成了『無底洞』。所以，只能把冰箱鎖起來。」總經理表現出一副無可奈何的樣子。

　　李名卻不這樣認為，他認為這並不是員工的素養問題，而是與員工的溝通交流問題，也是上司與員工之間信賴理解的問題。同時，李名也大概知道了為什麼員工對公司有種牴觸不滿的情緒了。

　　於是，第二天一上班，李名就召集了全體員工來開會，他對大家講：「昨天總經理告訴我，全世界公司的冰箱都是不上鎖的。從今天開始，放飲料的冰箱門不再上鎖，大家可以在工作時間隨時享用公司的飲料，但只能飲多少拿多少，禁止任何人將飲料帶回家。希望大家配合我，支持我，現在，把冰箱上的鎖拿掉！」

　　話音未落，所有的員工就異口同聲地說：「我們一定能

做到。」之後的事實也證明了這一點，大家並不熱衷於每天去飲用飲料。並且大家與李名更加的親近了，之前對公司的不滿和牴觸情緒也逐漸地淡化了。

一瓶小小的飲料，讓企業將冰箱緊鎖了兩年，自然會讓員工心中產生不滿，讓員工與上司之間產生了隔閡，甚至對企業、對工作產生一種牴觸的心理。李名能夠抓住這些細節問題，透過短短幾分鐘的溝通，將整整鎖了兩年的冰箱永遠打開了！同時，也打開了員工的一個心結，消除了員工們對企業的不滿牴觸心理。

感情投資實際上就是要懂得理解員工，是一種高深的與員工溝通的技巧。美國前總統尼克森（Richard Nixon）在《領袖們》一書中寫道：「我所認識的所有偉大領袖，在內心深處都有著豐富的感情。」換一種說法，這些偉大的領袖很有人情味，很擅於關心員工、理解員工。他們懂得，用人之常情來打動和感化員工，創造融洽的感情氛圍，讓員工對工作不留存任何的不滿牴觸情緒，那麼才能讓員工心甘情願，並且充滿熱情的為企業奮鬥。

以誠相待，讓員工放下心中負擔

在企業當中往往有些員工做事情總是前怕狼後怕虎、畏手畏腳不敢大膽去做，在工作當中總是負擔沉沉，一件事情總是做不好。事實上，許多員工之所以在工作當中會有那麼大的負擔，就是因為上司對員工太深的不信任導致的。

一些企業的上司，他們在權力下放之後，卻對被授權者的能力發生懷疑，於是，在員工工作時，老是出來干涉。試想這樣，員工又怎能將工作做好呢？心中又豈能沒有負擔呢？

因此說，心中裝滿負擔的員工是不可能輕輕鬆鬆地完成工作任務的，在工作中他們之所以會有種種的負擔，一般都是因為上司對自己的不信任造成的。

對員工以誠相待，是一個優秀上司必須具備的能力。以誠相待就是要信任員工，信任不僅是一個人的立身之本，更是一個團隊的經營之道。對任何職位，上司一旦選定了某個員工去做，就不要輕易更換，更不要一邊讓員工完成某項複雜的任務，另一方面又懷疑他完成任務的能力，因此束縛他們的手腳，妨礙他們工作。

　　一旦上司做出這種不信任員工的行為，對員工來說，是一種極不尊重自己的行為，同時也給員工造成沉重的精神壓力和心理負擔。下面這個故事很好的說明這一點。

　　張薇薇原本是個活潑大方的女孩子。在工作方面，她積極認真，並且與同事相處十分融洽。經過兩年的磨練之後，經理將張薇薇派到一家分公司工作。

　　剛接到調任命令的張薇薇十分開心，薪水不僅漲了，還從原來的一般職員晉升為分公司經理助理，手上的工作都沒交接完時，張薇薇就已經滿心期盼著到新職位上工作。

　　然而，不久之後的一天，張薇薇便告訴她的好朋友劉雅菲她就要準備辭職了。好友劉雅菲感到很驚訝。因為她知道，自己的好朋友張薇薇其實一直都在等著如今這個職務的機會，好不容易達到了她的心願，卻不能堅持下去，突然要辭職離開了。

　　劉雅菲向好友詢問了自己心中的疑惑，張薇薇卻是又感慨又委屈。她告訴自己的好友，自己實在是忍受不了他的上司鐘經理了，承受不起整天被他監視疑惑的心裡負擔了。

　　原來，張薇薇從總部赴分公司任職的第一天，鐘經理就給她一個「下馬威」，在同事面前讓張薇薇出洋相。張薇

薇覺得既然她是自己的上司，就忍忍吧。沒想到，鐘經理對她的工作很不放心，每次她做資料時，鐘經理總會坐在旁邊監督，並且對張薇薇的工作指指點點。

不光如此，鐘經理見張薇薇很年輕，覺得她辦事肯定不牢靠，再加上張薇薇遠道而來，對當地的環境不怎麼熟悉，因此，從不將重要的工作交給她做，總是讓她做一些很簡單的事情，例如接電話、發傳真等。在張薇薇的眼裡，這些工作未免也太簡單了。

張薇薇是一個思想非常活躍的人，習慣於獨立思考問題，也正因此才在原來的同事中脫穎而出，被調任到這邊做經理助理。並且她也一直希望能夠在自己現在的職位上做出一些成就來，但是鐘經理並不這麼認為，他覺得張薇薇來到新職位，就是一個新人，凡事都應該從頭學起，剛開始張薇薇很理解鐘經理的想法，也積極配合她的工作，但是幾個月過去了，鐘經理絲毫沒有重用她的意思，而她在辦公室基本淪落到了只剩打雜工作的地步。

時間久了，張薇薇對工作也提不起興趣了，並且對鐘經理十分不滿，產生了強烈的戒備和反感心理，即使做一些事情，也會被鐘經理步步緊跟著，根本讓她放不開手腳，而且一旦出現任何的細心問題，鐘經理就現身出來指

手畫腳一番，使得張薇薇感覺自己有時候在做事時都神經質起來，心裡產生了沉重的負擔。

張薇薇知道，如果再這樣下去，自己就可能荒廢在此了，於是才決定辭職。而就在做出這個決定後不久，張薇薇在茶水間休息時，一個要好的同事告訴她事情的真正原因。其實，鐘經理從未打算重用張薇薇，她一直認為張薇薇是總公司派來監視她的。在她的眼裡張薇薇是從總公司打入分公司內部的「間諜」，這樣的人她根本就不會信任的。

「最成功的管理是讓人樂於拚命而無怨無悔，實現這一切靠的就是信任。」這是經營之神松下幸之助的一句名言，信任具有強大的激勵威力，更是授權的精髓、前提和支柱，也是現代領袖文化的核心。上司應該在信任中對員工授權，只有這樣才能讓授權發揮最大的功效。

身為上司只有對員工以誠相待了，員工自然會真誠的追隨上司。其實，上司的信任是給員工最好的獎勵。物質獎勵只能堅持一段時間，而上司的信任帶來的激勵卻是長久的。只有上司對員工充滿信任，員工才能做到獨立自主行使手中的權力，並且在工作中充分發揮主動性，消除心中沉重的工作負擔，創造出更好的工作成績。

　　因此，上司對員工的信任不僅能夠贏得員工忠貞不渝的追隨，還可能讓企業蓬勃的發展起來。下面的例子中，正是因為經理對員工的真誠相待，才讓員工有了更大的動力，消除了心中的顧慮和負擔，最終取得了出色的銷售業績。

　　正如下面例子中，正因經理對文敏的真誠相待，才使得她放心了心中的負擔，放手去做，並且最終獲得了成功。

　　一天下班後，文敏匆匆地將自己的銷售計畫塞在了劉經理辦公室的門縫，沒過兩天，她便被邀去說明情況。文敏一進門，劉經理就開門見山地說：「計畫寫得不錯，就是字體太潦草了。女孩子家，平時應該多注意點字。」經理的話一下子讓文敏緊張的心情頓時放鬆了下來，她問道：「我的計畫是不是預算開支較大啊？不然我再與兩個同事一起修改修改，然後再向您彙報一下。」

　　經理打斷了他，說：「費用對我們公司不是問題，我看計畫很可行，只要你有信心，那就去做吧，千萬別讓時機錯過了。」文敏聽了大受鼓舞，心想有經理在後臺支持者，還有什麼可擔心的呢？於是，信心十足地拿起計畫離開了，兩個月以後，文敏就將出色的銷售業績擺在了經理桌上。

　　這就是信任的力量，試想如果當時經理再將文敏的計畫拿去審核、考證，不但耽誤了商機，肯定也會使文敏產生心理上的負擔，在下次做計畫的時候也許就會束手束腳。即使是交給她去完成，恐怕就不能像現在一樣順利。畢竟，牽扯這麼大數目的費用，就算他再有膽量，也還是要猶豫的。

　　可現在，就是經理給予了他充分的信任，減輕了他心理上的負擔，留出了讓他充分發揮的空間，也使任務順利完成了。

　　松下電器創始人松下幸之助曾說過：「用人關鍵在於信賴，如果對下屬處處設防、半信半疑，反而會影響到企業的發展。」每個人的想法不一樣，工作的方式不一樣，因此，在處理工作時的方法和態度也不一樣。

　　上司要鼓勵、提倡員工用創新的思維方式對待工作，而不應該按照自己的思維模式固定員工工作的方式，這樣才能讓員工們發揮自己的聰明智慧，消除掉心中畏手畏腳的負擔。在這一方面，宏碁集團創辦人施振榮的措施就表現出了他的優越性。

　　一手締造了宏碁集團的施振榮在談起自己的經驗時說，最重要的一點就是信任員工，充分授權。他常說：「企

業要想做到代代相傳，必定要建立在授權的基礎上。再強勢的上司人，總有照顧不到的角落，也會有離開的一天，但是在一個授權的企業，各主管已經充分了解公司文化，能夠隨時隨地自主詮釋企業文化，這樣的企業才有生命力。」他是這麼說的，也是這樣做的。

對公司的員工，他總是予以信任、充分授權，即使他們工作做得慢、與自己方式不同，也絕不插手。他說：「一個上司要能忍受員工犯錯誤，並把它看作成長必須要付出的代價。只要是無心之過，只要最終他賺的錢多於學費，你就沒有理由吝嗇於為他繳學費，你一插手，他失去機會和舞臺，怎麼成長呢？」在他的這種管理方式下，宏碁湧現了不少獨當一面的人才，也形成了強大的接班人隊伍。

由此可見，身為上司，要想讓自己的員工放下負擔，輕輕鬆鬆的為企業奮鬥，首先要對員工以誠相待，對員工有所信任。哪怕是員工稍微犯一點錯誤，正如施振榮所說的，只要是他所賺到的多於學費，也沒有理由吝嗇於學費。因此，身為上司應該學會盡量不要插手干預員工的工作，消除員工心中束縛的負擔，放手讓他們去做，才能讓企業內生機勃勃。

禁忌：與員工過於親密，不會保持適當的距離

　　上司要做好工作，就要與員工保持一定的關係，這種關係是一種不遠不近的恰當的合作關係。是一種與員工保持適當的距離，既不至於讓員工有防備和緊張心理，也不與員工稱兄道弟。這樣的距離既可以獲得員工的尊重，又能保證在工作中不喪失原則。一個優秀的上司，要做到「疏者密之，密者疏之」，這才是與員工的相處之道。

　　身為一名上司，權威就是身分的象徵，如果失去自己的權威只會讓上司變得平庸而軟弱，進而導致人心失散。擁有權威才能顯現出上司的尊嚴和不凡，也才會擁有真正的追隨者。身為上司，只有與員工既緊密合作又涇渭分明，管理的成效才能落到實處，企業的發展才有了可靠的保障。

　　因為人性的弱點之一是人因熟悉而失禮，太熟悉了便不自覺地跨越界限。不受規矩不成方圓，如果上司對員工表現的過於親密，就很容易喪失上司的權威性，從而在工作上導致重重的困難。

　　因此，與員工適度的距離對上司是有好處的。即使你再「民主」，再「平易近人」，再跟員工打成一片，也需要

有一定的威嚴。當眾與員工稱兄道弟只會降低上司的威信，使人覺得你與他的關係已不再是上下級的關係，而是兄弟了。

於是其他員工也開始對你的命令不當一回事。隱私對於每一個人來說都是必要的和重要的。讓你的員工過多地了解你的隱私對你來說只能是一種潛在的危險。說不定這些員工哪天就會將你的隱私公之於眾，或者是利用你的弱點來打擊你。

身為上司，如果一方面想當員工的好朋友，另一方面又想當好上司，同時想扮好這兩個角色只會讓你吃力不討好。員工會對你的「兩面派」行為懷恨在心，而因為辦事不利還會受到其他上司的質疑，可以說是兩頭受氣。

因此，身為一名管理者要學會與員工保持一定的距離，正如刺蝟取暖一般，靠的太近只會造成傷害。

刺蝟由於寒冷而擁在一起。可身上都長著刺，刺得對方不舒服。於是離開一段距離，但又冷得受不了。於是又湊到一起。幾經折騰，刺蝟終於找到一個合適的距離，既能互相溫暖，又不至於被扎。這就是常說的「刺蝟理論」，強調人際交往中的「距離效應」。

法國總統戴高樂有句座右銘：「保持一定的距離！」他

是一個很會運用「刺蝟理論」的人。在他十多年的總統歲月裡，他的祕書處、辦公廳和私人參謀部等顧問和智囊團，沒有人的工作年限能超過兩年以上。這就是戴高樂的規定。

這一規定出於兩方面原因：一是在他看來，調動是正常的，而固定是不正常的。這是受部隊做法的影響。二是他不想讓「這些人」變成他「離不開的人」。這表明戴高樂是個主要靠自己的思維和決斷而生存的領袖，不容許身邊有永遠離不開的人。

只有調動，才能保持一定距離，而唯有保持一定的距離，才能保證顧問和參謀的思維和決斷具有新鮮感和充滿朝氣，也可以杜絕顧問和參謀們營私舞弊。決策過分依賴，容易使智囊團干政，進而使這些人假借上司名義謀取私利，拉上司下水，後果很危險。

通用電氣公司前總裁斯通很注意運用「刺蝟理論」。在工作場合和待遇問題上，斯通從不吝嗇關愛，但在休息時間，他從不要求員工到家做客，從不接受他們的邀請。正是這種保持適度距離，使得「通用」能夠步步高升。

有些上司寬厚仁慈，試圖建立一種與員工的「親人關係」，這種良好的心願往往在實際運用中屢屢受挫。與員工不分彼此、交情深厚，員工就可能恃寵而驕，難免散

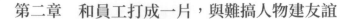

漫，執行力不強，工作易受阻礙。

也正是因為沒有了距離，員工會對上司的生活習性、個性愛好瞭若指掌、全面掌控，難免被一些員工投其所好，甚至會瞄準上司的弱點，巧言令色、步步為營，讓上司權力被架空。

甚至有些員工還會仗著與上司的「交情」，狐假虎威、發號施令，不分裡外、上下、輕重場合，對上司失去應有的尊重與敬畏之心，嚴重損害上司的形象與威望。同時，上司若經常與一部分人打成一片，難免會忽視其他人，厚此薄彼，顯然不利於工作的開展，也可能會偏聽偏信，被誤導視聽，阻塞了進諫之路。正直忠誠者被拒之門外，別有用心者卻近在身旁，久而久之，難免不出現問題，給企業發展造成危害。

如果你是一個由普通員工而逐漸成長為一名主管，這就意味著你得管理過去那些親密無間的、無話不談的同事。一面是工作中建立起來的「兄弟情誼」，另一方面是該有的威嚴，其間的「度」真的很難拿捏，這種處境確實令人尷尬。

為了維護上司的尊嚴，你是不能再向以前那樣與他們稱兄道弟的，但是你也無法一下子捨下兄弟情誼而去做個

鐵面無私的「官」。

正如王剛遇到的問題一般，如果不是自己及時採取一些措施，與員工們保持一定的距離，恐怕不僅在工作中要面臨尷尬，而且還會失去多年的友誼。下面例子中的王剛就遇到了這樣的問題。

王剛升了組長後不久，就發現了一些很棘手的問題，任何工作很難布置下去。因為自己也是從一個普通的員工升上來的，而現在自己的員工大多都是以前的好朋友，自己在分配任務的時候他們不是推三阻四的，就是不當一回事，即使接受了任務也不認真去做。

王剛想按照工廠的規定進行處理，但又擔心這樣一來搞砸了他們之間的友誼，從而導致更難以管理。一次王剛實在沒有辦法就將一個員工訓斥了一頓。下午上廁所時就聽到這位員工議論道：「王組長這幾天是怎麼了，前天還與我們有說有笑的吃晚飯，今天又把我叫到辦公室給訓了一頓，一會兒把我們當朋友，一會又要做我們的組長，真沒想到他在獲得晉升後會這樣對待我們，太令人失望了……」

之後王剛跟這位員工的關係一直不好，而其他的朋友也對他逐漸的冷淡了起來，有時候還不滿的冷嘲熱諷幾

次。正當王剛感到為難的時候，主任發現了他的問題，在聽取了王剛的窘境後，主任召集所有的員工開一次會。用誠懇的語言表明你身為一名組長所堅持的立場，在某些方面可能會做出令他們不樂意接受的規定和要求，也許你並不贊同，但你不得不去做，清楚地讓員工們認識到你們之間的新關係。

同時，主任也告訴大家工作就是工作，就是要按照相關的規章制度來進行，王剛作為組長在工作方面是他應該去處理分配的，大家應該積極的配合。主任告訴王剛作為一個上司以後要適當的與員工們保持一定的距離，讓自己的權威樹立起來。但也不要將自己的組長角色扮演得過火，與過去的同事做出沒有必要的疏遠。

一口官腔，一副高人一等的姿態只會使你與員工之間產生不和，不利於工作的開展。同時，不要再介入是非長短的閒聊，因為你現在的任務是支持團隊中的每一個成員。積極努力地表現自己，向員工證明自己是有能力有熱情的。

逐漸的，大家也都慢慢的理解了王剛的處境，並且因為王剛處事公平，工作熱情能幹，也都對他產生了敬畏之心。

有人認為，越平易近人越能和員工打成一片、稱兄道弟、溝通的就越好。其實，正如王剛之後遇到的窘境一般，這種看法是錯誤的。因此，身為一名上司，應該及時地回想一下，你是否經常與你的員工共同出入各種社交場合？你是否和某一位知心的員工無話不談？你的員工是否當著其他人的面與你稱兄道弟？如果已經出現了上述幾種情況，那麼危險的信號燈已經亮了，你需要立即採取行動，與你的員工保持一定的距離，不可太過於親密。

總之，如果你是一名上司，不論你是新上任的，還是已經做了許多年的，你都應該擺明自己與員工的位置。與員工打成一片和作為團體中的一員，兩者之間需具有鮮明的界限，模糊自己與員工的角色總歸是不恰當的，也是在溝通中最應該避諱的。

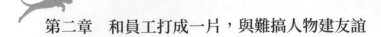

第二章　和員工打成一片，與難搞人物建友誼

第三章
嚴謹的管理態度，讓難搞人物難挑剔

　　身為一名上司，一定要對自己所有的員工一視同仁，不能因為某個人能力差或者是老是犯錯等原因而產生歧視，尤其是對於那些難搞的人物，事實上他們時時刻刻在關注著上司對自己的態度，如果不能做到處罰分明，不按照嚴謹的標準進行，勢必會讓他們產生更壞的情緒，從而形成一個惡性循環。因此，身為上司，嚴謹的管理方式尤為重要，無論大小事物都公平、公正、嚴謹地去對待，才能讓那些難搞的人物難以挑剔，從而有效地維護企業的利益。

採取措施，巧妙制服「桀驁不馴」員工

　　桀驁不馴的員工往往有著十分鮮明的個性，並且非常聰明，不論是工作還是為人處世都不願意受到他人的拘束，經常會產生一些奇思妙想，在公司內部「興風作浪」。

　　這樣的員工，在很多上司的眼裡都是公司的不安定分子，常常會在公司內部違反紀律，製造事端。不僅如此，他們還常常有一些非常離譜的想法，工作的時候也不會安分守己，甚至公然挑撥同事與上司作對，很多上司對付這樣的員工唯一的方法就是除之而後快。

　　事實上，任何單位中都會有幾個狂妄自負、難於管理的員工，這些人就是上司眼裡不折不扣的「桀驁不馴」。比如有者特殊關係背景的員工，往往是某位有背景的人介紹的關係戶，或者與老闆有某種裙帶關係，有可能就是老闆的兒子。

　　這類員工普遍自視高人一等，認為自己的身分和其他員工不一樣，應該有著比別人更為優越的地位和待遇，往往有意無意間向其他員工透露其特殊的背景，希望能由此撈到一些額外的便利，並滿足其虛榮心。

　　在工作中，他們不把公司的規章制度放在眼裡，遇事

不遵循組織架構中既定的溝通管道等。在出錯的時候，往往會把自己的後臺搬出來，使自己免受處罰。

對於這類桀驁不馴的員工，在不健全的規章制度下，只能策以不規則的招數。身為上司可以給他們一個下馬威。也就是在剛入門階段就要打掉他自以為是的心理；或者迂回前進，立時給他打上「疫苗」，如在新員工見面會上公開告訴他：介紹你來的人是希望你為他爭光，所以你要不負所望，給你的介紹人爭氣，不要讓他臉上無光。

對於這類員工，應該懂得若即若離，保持一定的距離。這類人通常不好惹，所以切不可過分靠近，應該「平淡」相處，有的還應該「冷淡」處之。如果他在工作中有上佳表現，可以適當地進行褒獎，但一定要注意尺度，否則，這些人很容易恃寵而驕，變得越來越難管。

如果是性格古怪、自命不凡並且實在難以管理的人，只好一級一級保舉他，讓他升官走人。或者給他們找個簡單的閒職，隔離核心員工，使其無法干擾正常的管理工作。

還有一類是能力超強的員工。這種類型的比較聰明、好動，有著鮮明的特點，往往能提出一些奇妙的點子，在能力上與其他同事甚至與上級上司相比，都具有某種明顯

的優勢，如工作能力比較強，工作經驗豐富，對待公司交給的工作遊刃有餘，工作往往能創造佳績，或者手頭握有某種稀缺資源。

正是基於以上原因，造成這種員工在心理上的一種優越感，會表現出不服從管理、恃才傲物、團隊協作精神不強等。

這類員工往往對於自己的專業水準和經驗比較自負，因此，身為上司要在技術的某一方面顯示出自己更強的專業水準和能力，在技術上是專家，在管理上是行家，用實力去征服他，讓他意識到「一山還有一山高」，他不過只懂一點皮毛罷了。

下面例子中的分管余副總就這樣讓手下的生產部經理臣服的。

某家具公司生產部經理鄭浩往往瞧不起別人，甚至是自己的上司，難於管理。分管余副總對他的行為也是很不滿，有次機器設備故障，鄭浩現場指揮，但是無法解決。後來，余總到現場後，四周巡視了一遍，告訴鄭浩修理的程式和方法，立刻解決機器故障的問題。

鄭浩問他解決問題的方式，余總深入淺出的將該問題進行了闡述，鄭浩從此對余總佩服得五體投地，余總分配

的任務也會積極主動的去執行了。

　　還有一些不安於現狀的員工，往往不滿於目前的工作職位，只要一有機會，他們就會跳槽走人。也許正是因為「身在曹營心在漢」的緣故，他們工作負面，態度惡劣，甚至還敢和上司叫板，讓人極為傷腦筋。

　　這類員工往往是非常現實的，他們多有「人往高處走」的想法。對付這類員工，不要為了留人而做出很難實現的承諾，同時要及時發現員工的情緒波動，特別是那些業務骨幹，一定要將安撫民心的工作做在前頭。如果員工去意已決，那麼不要太過勉強，在必要的時候，可以請他們提前離開公司。

　　其實，「桀驁不馴的員工」與那些真正在公司裡喜歡煽風點火、製造事端、搬弄是非的人不同，他們應該可以稱得上是公司的積極分子，他們在公司內部如何作為，完全在於上司用哪種眼光看待他們。假如上司對待他們的方法得當，他們很容易就會變成上司的心腹。

　　所以，上司最好能夠與「桀驁不馴的員工」們和平相處，利用他們的長處，為自己開展工作提供了便利，同時，巧妙地解決「桀驁不馴員工」的難題，也顯示了上司的上司能力。

　　「桀驁不馴員工」令很多上司苦惱，這樣的員工在公司資歷深、工作經驗豐富、人際關係非常好，如果上司採取強硬手段將其拔掉，可能會造成更壞的後果。

　　下面案例中的于珊經過別人的點撥，巧妙運用自己的智慧，將這類員工身上的「刺」拔掉了，讓其為自己所用。

　　于珊畢業於國外一所知名大學。畢業後在當地一家大型企業裡擔任過人事經理一職。因為種種原因，于珊決定回國後大展一番身手，但沒想到卻被公司裡桀驁不馴的資深員工弄得十分狼狽。

　　回國後于珊應聘到一家大型證券公司文書處理部，擔任行政總監。她的主要工作就是負責主持公司行政、檔案、文書等工作。這些工作對于珊來說並不難。關鍵的問題在於她對公司內部不熟悉，但上任後，她還是先整頓了各個部門的工作，接著又規定了不少新的工作流程和規則，于珊的活力與幹勁，工作方法也和之前的總監不同，她對各項工作思路的創新以及下級資訊回饋等要求都很高。

　　但是，很多人對她大刀闊斧的改革不以為然，特別是一些公司資深的員工對此強烈不滿。于珊開始並沒有注意到這個問題，以為時間久了大家就會習慣這種管理方式。

有一天，于珊剛走出辦公室，迎面走來一位資深員工王文，他一向在辦公室以長者自居，兩人打了個招呼寒暄了之後，王文問于珊：「你說我是叫你于總監還是小于呢？」

于珊被他問得一愣，當時就感覺這位老員工肯定是喜歡在別人面前炫耀自己的資歷，於是于珊不動聲色地說：「隨你吧，你覺得怎麼叫合適就怎麼叫吧。」

結果，王文就一直「小于」、「小于」地叫著于珊，還喜歡把于珊當後生晚輩來教育。

于珊心裡很不舒服，自己就算是資歷再淺，但是也是個上司，他要是以後總這樣稱呼自己「小于」，並且對自己的工作指手畫腳，自己怎麼在辦公室樹立威信？這位「桀驁不馴」的員工弄得于珊十分苦惱。

後來，在別人的建議下，于珊想到了一個比較好的辦法，那就是利用王文性格比較開朗、而且在辦公室人際關係頗好這一點，巧妙地讓王文聽自己的話。於是，于珊找到王文，告訴他部門內部準備開一次聯誼會，希望他能夠幫助自己召集大家，並且擔任聯誼會的主持，果然王文痛快地答應下來。

幾天後，部門內部聯誼會如期召開，並且取得了不錯的效果。于珊非常開心，此舉不僅維繫了自己與大家的感

情，王文也非常高興。後來，于珊經常組織部門內的集體活動，比如說聚餐、旅遊等，大家的感情也越來越好，王文與她的關係也越來越好，于珊的工作更好開展了。

遭遇「桀驁不馴員工」的多是新上司，在新上司上任後，管理權威都會受到員工的挑戰，尤其是資深的員工。面對這種情況，身為上司應該冷靜沉著的應對，切忌不要採取強硬的手段。

但是有時候，適度發火也是很有必要的，特別涉及到原則問題或者是員工讓自己在公開場合碰釘子時，就必須要發火。但是注意不要因為發火把話說過頭，也不要把事做絕，盡可能留下感情補償的餘地。

上司的話應該是一言九鼎的，既然在大庭廣眾下說出了，就應該是一言既出，駟馬難追，一旦把話說過頭，事做絕了，會讓自己騎虎難下。

一般來說，這種員工在公司有一定的資歷，或許他還有一技之長。否則，他根本就沒有這樣「桀驁不馴」的資本，上司在與這種員工相處時，一定要有耐心，要根據他的長處給他布置工作，絕對不能採取放任自流的方法，或者是為了挫傷他的銳氣，將他晾在一邊，得不到重視。這樣不僅不會讓員工認識到自己的不足，相反還會產生一種

叛逆心埋，故意與你作對，給你拆臺。

要知道，資深員工有他的長處，但並不意味著他樣樣精通，最多也只是在工作職位上或者行業領域內出類拔萃而已，可能在其他地方就不如他人了。上司要擅於利用這一點，來拔掉「桀驁不馴」員工身上的「刺」，設法讓他們認識到自己身上的不足。

比如說，上司安排「桀驁不馴」員工獨立完成 一個不太熟悉的任務，並規定完成時限。那麼，員工要完成這項任務就需要花費很大的力氣，即使完成了也會感到這項任務不是那麼容易的，自己並不是那麼完美。

總之，無論是哪種類型的桀驁不馴員工，上司只要及時做出「診斷」，開出「藥方」，實施方向正確，就能把這些很難管理的員工團結在一起，充分發揮他們的作用，不斷為公司創造更大績效。

掌握平衡，杜絕搞小團體員工

辦公室就是一個小社會，免不了會有若干個明爭暗鬥的利益小團體，這種幫派的形成，不僅會影響一個單位或部門正常工作的開展，更會造成成員之間的矛盾和衝突。

　　任何事都有利有弊，內部幫派對於企業的成長同樣既有正面的一面也有負面的一面，正面的一面是能夠幫助企業維持穩定，負面的一面是影響員工的工作效率。

　　身為上司，實際上平衡的技巧很重要，掌握了這種平衡，就能夠實現權力之間的制衡，從而化解其間的衝突。

　　隨著企業發展的壯大，內部幫派的存在就成為了一個較為普遍的現象，因為企業是以人和利益為基礎的，只要有人和利益，就一定會存在幫派。正所謂「物以類聚、人以群分」，幫派多了，難免就會產生爭鬥，因為幫派的組織總是多樣化的，人多嘴雜，就會有人搬弄是非，從而產生利益衝突。

　　身為上司，要明確處理幫派關鍵還是要從根源入手。要知道，凡是有資格、有能力組成幫派的人都頗有「背景」。他們或者是因為在單位裡工作時間較長，或者是「開國元老」，或者是某方面的專家，或者是有真本事而認為自己沒有得到重用的人等。

　　一般來說，這些人的周圍都有一批人，這批人是他們忠實的或者不忠實的追隨者，他們往往有著自己小團體的利益，這種小團體未必是某一個部門或者某一個分支機構，他們因不同的緣由而劃分。這就是所謂的拉幫結派。

　　身為上司，如果發現自己的團隊裡面有「幫派」活動，在從根本入手尋找核心人物的同時，更應該查找產生幫派的原因，從根源上消除掉。

　　一般來說，因為公司上司和分工形成的幫派為了維護自己的地位、為了獲得職位的升遷，而採取拉攏上司和員工的辦法，形成了幫派，產生這種幫派，是由於上司的不公正和組織結構的一些缺陷形成的，例如上司偏愛部分員工，而對另外的員工有成見，就會導致那些被上司忽視的員工心存抱怨從而負面應對，或主動和上司靠攏，或者自己形成一群。

　　一些和公司價值觀不一致的員工，或者在公司自信心不足的員工，就依靠天天探聽小道消息，編造八卦新聞，來吸引別人的注意，或者對很多同事的行為品頭論足，或者干涉別人的工作，這些人的存在很容易便大家關係分化，形成幫派。

　　有時候，公司激勵體制沒有做到賞罰分明，或者獎懲機制沒有做到客觀及時，會影響到員工積極性，於是有怨氣的員工都會聚集在一起，互吐苦水，從而形成幫派，在其他員工中傳播對公司不利的資訊。

　　有時候，在企業裡因為家鄉、朋友和血緣等會形成幫

派。例如同鄉派、或者兩個互相是朋友關係的人同時加入公司，或者員工之間是戀人關係；產生這種幫派的原因是企業在人力資源引進和管理方面的一些寬鬆政策，這些人的存在總是讓其他的員工在處理工作的時候難免要考慮幾方的利益，或者因為他們之間互相袒護、互相照顧等，影響工作的氣氛。

事實上，最容易形成「幫派」的情況是企業合併之時。如果企業是新舊合併的，也很容易出現新舊兩派之爭。這種矛盾較之兩個人之間的矛盾，影響更大，危害也更大。因為雙方勢力都很強，都有自己的固定成員，雙方容易形成對峙狀態，使企業利益受損。

越是規模較大的公司，幫派的現象越嚴重，也因此成為了「公司政治」的重要組成部分，有研究表明，現在很多大公司都依靠這種幫派之爭來維持運轉。因為不管什麼幫派，最終都必須以公司的戰略目標和利潤為導向。否則，他們也很難找到存在並強大的理由。從這個角度來說，合理的幫派爭鬥能夠幫助企業維持穩定。

但是，幫派的負面影響會使運作效率低下。每個派系都有自己的核心團體，不同派系的人員控制部門之間的協作基本上是很難實現的，這樣，企業就不再是一個統一的

集體，企業的資源和力量也不再朝向同一個目標，涉及到不同部門之間或者不同派別的人之間的工作任務，需要花費很多的時間進行溝通，容易導致大家對一件事情互相踢皮球，甚至相互推卸責任。

當然，如果幫派鬥爭非常嚴重的話，對於企業還會很容易帶來人事上的危機，就好像現在很多職業經理人離開總是會帶著一批追隨者一樣。

幫派之間往往是矛盾重重甚至是勢不兩立的。一旦組織的決策影響到某一個幫派的利益，「幫主」就會找上司討說法，上司也就有了很多的麻煩，組織甚至會因此造成四分五裂的局面而不可收拾。

因此，對待這些妨礙大局的幫派，上司絕不能等閒視之，必須下狠手予以清除。下面故事中的李海就是採取了一定的強硬措施，才使得企業得意安定。

某公司總經理李海一上任就遇到了棘手的人事問題。公司內部幫派林立，人浮於事，二十幾個科室中，能做實事的沒幾個。為了提高企業效率，李海下決心實行人事改革，精簡機構，裁減冗員。

然而，他的想法一開始就遭到了各方勢力的質疑，反對聲一片。帶頭反對的就是安全科科長武衛。安全科一個

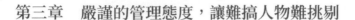

科室就占用了辦公樓的一層，科長武衛有很強的後臺，手下的二十多人大多是和主管有關的三親六故，個個待遇優渥，被公司員工稱為「特殊王國」，很不好管。

李海知道，改革舉措要想順利進行，必須要下決心搞掉企業內部這些小幫派，否則以後的工作很難開展。他決定先拿安全科開刀，給武衛一個下馬威。

李海下令限制安全科於明日下班前搬離原來的辦公室，改到另外指定的辦公地點。接到指令後，武衛連夜召集安全科的人員開會，商量對策，最後的決定是按兵不動，同時「集體上訴」，到上級部門去告狀。

第二天，安全科的人仍然占著四層，不肯搬遷，李海馬上召集黨委會議，決定如果安全科再不搬遷，就罷免其科長職務。這一招果真靈驗，在最後一分鐘，安全科長終於屈服，開始搬遷。

搞掉了安全科這塊最大最硬的「頑石」，其他科室就好辦多了，他們領教了李海的厲害，不敢有絲毫抵制行動。從此，企業機構改革的進程不斷加快，取得了階段性的勝利。

總體來說，幫派對於企業的成長既有正面的一面也有負面的一面，作為企業的上司來說，巧妙處理內部幫派的技巧也就成為了一門藝術，處理好了，不僅可以使幫派的

負作用減少到零，甚至還可以產生正面的作用。

當然，並不是所有的幫派都一定要鏟平。如果多個幫派在你的領導下可以獲得良性發展，那麼團隊的整體規模就會不斷地壯大。有一句話說的好：「山頭再高也高不過廟。」既然上司能夠俯瞰和控制全域，「一覽眾山小」，那還擔心什麼幫派呢？

身為上司，要處理好企業的內部幫派，需要進行合理的引導，使他們不至於勾心鬥角、互相猜疑、互相排斥從而影響企業的運作效率為目標。上司在對待幫派問題時，需要從多個角度進行觀察，因為各個派別的人都是站在自己的角度說話的，上司需要站在一個全面的角度，搞清楚幫派的類別，了解整個派系之間的結構和關係，包括他們關注的利益點，以及產生的原因。

對於一些幫派，上司可以利用這些幫派的特點，透過策略性的引導來促成目標實現，甚至可以建設豐富的企業文化，比如內部幫派的成員之間有著共同的興趣愛好，那麼企業就可以引導他們來帶動氣氛，這有利於員工保留士氣、歸屬感；對於那些對企業有抱怨的幫派，要搞清楚他們的情緒是由什麼產生的，主動關心他們，幫他們解決問題，這樣才能使這類幫派站在和公司一致的立場上。

同時，企業可以逐步透過企業文化，建立良好的內部溝通體制和良好的激勵體制來逐步瓦解派系，例如：不要讓屬於同一個幫派的人在同一個部門工作，特別是一些核心部門，發現派系的問題後，應該分散他們集中的風險；多組織大範圍的集體活動，並透過集體活動讓幫派之間有比較多的互動和溝通，打亂幫派的內部結構，讓派系之間有更多非正式交流的機會，增進了解。

總之，有效的分解和瓦解派系或者是分散派系的力量是處理幫派的基本原則，當然在這個問題的背後潛藏的問題是：企業的組織結構和職位設置的合理性，以及組織結構是否適應企業的發展。因此，建立合理的人力資源機制和系統也是避免幫派和解決幫派問題需要加以重視的。

知人善用，挖掘「無用」人才

所謂「無用」人才，是一些本來就具有很強的能力的人，沒有站在合適的職位上，所以沒有發揮出他們的才能來，甚至比一個「平庸」的人做的還差。

身為上司，如果不能合理的利用這些人，不僅讓他們做不出好的成績，久而久之勢必讓他們因為找不到伯樂而

心中感到負面、沮喪，對工作失去熱情，最終就是整天混日子，或是會跳槽離職。

所以，身為上司最主要的工作就是知人善用。知人，就是考察選準人才；善用，就是正確地使用人才。要做到擇賢而任，所謂擇賢，就是要選擇那些德、才、能三才兼備的善良者；所謂而任，就是將具有德、才、能三才兼備的善良者任用到重要的工作職位上去，發揮他們應有的智慧和才能。

識人和用人的前提，如果不能識人勢必不能用人，由此可見識人的重要性。在很早年間，古人就提出：「為治以知人為先」。即治理國家以了解、認識別人為最首要的事情。

可以說，非知人不能善其任，非善任不能謂知之。這富有哲理的良言告訴世人，不了解人就不能很好地使用人，沒有很好地使用人就是因為沒有了解人。所以，得人之道，在於識人。

歷來人們都認為，帝王之德，莫大於識人。也就是說，帝王的作用，沒有比識人更重要的了。同樣作為一個企業的上司要把企業領向成功之路，首先也要知人，只有知人才能善任，因為對一個人了解得越深，使用起來才越得當。

　　如何識人，其首要條件就在於公正無私、一視同仁，上司具有了如此胸襟，才能發掘真正的人才。人才就彷彿是冰山一般，浮於水面者僅 30％，沉於水底者達 70％。因此，上司就必須要有敏銳的眼光，以及識人的本領。

　　因此，在企業裡許多人看起來好像是什麼也幹不好，其實他們並不是做不好事情，只是缺少上司的賞識與重用而已。在這一方面，古代許多人的行為，啟迪我們許多的智慧。

　　戰國時，魯國重臣孟孫打獵時獵到了一隻小鹿，命家臣秦西巴用車子把小鹿帶回，在回去的途中，一直有一隻母鹿跟在車後哀鳴。

　　秦西巴覺得十分可憐，就把小鹿放了。

　　待孟孫返回家中，知道了緣由，極為生氣，於是把秦西巴幽禁了起來。

　　但是，三個月後，孟孫不但赦免了秦西巴的罪，並且任命他輔佐他兒子。近侍驚訝的問：「前些時候，您剛剛處罰了他，如今卻又委以重任，這是為什麼？」

　　孟孫回答說：「他連小鹿都不忍捉回，將其放掉，對待我兒子也一定會仁慈。」

　　孟孫能如此選人用人，有知人之明。

　　所以，身為上司，要站在正確平等的角度上來看待自己的員工。每個人因為自己所處的環境、經歷不同、所受到的學識方面影響不同而有著不同的個性。故身為上司，要知道員工的個性，必須客觀了解對方體型、容貌、身世、品德、性格、修養、智慧等情況，而加以深切體察，設身處地，了解對方本質及其周遭環境，作合乎情理的評價，萬不可先入為主，臆斷為事。

　　不可以只看到某個人幾個良好的品德就認為某人是人才，反之，也不可看到某人一些壞習慣而認為此人就是沒有用的人。或者是受資歷、聲望、資格、現實問題等因素的限制，人才易被埋沒。

　　下面的例子中，就是因為上司發現陳蓉的興趣特長，為陳蓉換到了合適的位置上，不僅讓陳蓉能夠發揮出自己的特長，投入到自己的興趣愛好當中，還使得企業因為合理的安排人員，而獲得了良好的效益。

　　陳蓉是一個喜歡文學、性格開朗的女孩。但是她剛進到某大型企業的時候，卻是被分配去做統計。雖然她之前有學過會計，並且有一些經驗，但是她對這一方面並不十分感興趣，而且總體來說還是經驗不足，所以工作效率不高，有時候還會出現一些差錯，受到經理的批評。

　　為此，陳蓉更沒有了動力，感覺自己入錯行，甚至是走錯了人生的道路。心中盤算著是否離開這家企業，雖然這家企業一直是她心中所希望能進的。而就在這段時間，她的經理在一個偶然的機會，在一份報紙上看到了陳蓉寫的文章獲得了文化大賽的獎項，才猛然發現原來陳蓉的文筆很不錯。

　　於是，經理找來陳蓉談話，說是企業為了宣傳企業文化，正在創辦企業週刊，她的文筆不錯，完全可以勝任編輯之責。陳蓉喜出望外，接手新職務後，充分發揮自己的特長和熱情，將週刊編輯的有聲有色，不僅宣傳了企業的文化，同時也擴大了整個企業的影響力。

　　由此可見，要成為一個有遠見的上司，就必須懂得人是有個性的，只有了解人的個性特點，才能夠真正管理好公司。古人指出：用駿馬去捕老鼠，不如用貓；餓漢得到寶玉，還不如得到一碗粥。

　　用物、用人，在於得當；使用不當，埋沒了寶物、人才，還收不到應有的效果。所以，管理者在與員工合作共事時，應根據人的不同情況而採取不同的辦法從而加以識別和利用。

　　身為上司，要區分好一些不同性格、不同類型的員工，然後按照他們的性格，合理地給這些員工安排合適的

職位，才能更好地讓他們發揮出自己的才能。

　　通常對於那種性格剛強但粗心的員工，他們不能深入探求細微的道理，這些人在論述大道理時，會顯得廣博宏闊，但在分辨細微的道理時就失之於粗略疏忽。此種人可委託其做大事。

　　對於那種性格倔強、不易屈服退讓的員工，一般談論法規與職責時，這些人能約束自己並做到公正，但說到變通，他就顯得乖張頑固，與他人格格不入。此種人可委託其立規章。

　　對於性格堅定又有韌性，喜歡實事求是的員工，他們能把細微的道理揭示得明白透澈，但涉及到大道理時，他們的論述就過於直接且薄弱。此種人可讓他做較具體的事。

　　能言善辯的員工，辭令豐富、反應迅速，在推究人事情況時，見解精妙而深刻，但一涉及到根本問題，就容易不周全與遺漏。此種人可做謀略之事。

　　那種隨波逐流的員工不擅於深思，當他安排關係的親疏遠近時，能有豁達博大的情懷，但是要他歸納事情的重點時，觀點就疏漏散漫，說不清楚問題的關鍵所在。這種人可讓他做小部門主管。

　　那些見解淺薄的員工，不能提出深刻的問題，當聽別人辯論時，由於思考的深度有限，他很容易滿足，但是要他去核實精細微小的道理時，他卻反覆猶豫、沒有把握。這種人不可大用。

　　那些寬宏大量的員工有時候卻是思維不敏捷，談論精神道德時，他的知識廣博、談吐文雅、儀態從容；但要他去跟緊形勢，他就會因為行動遲緩而跟不上。這種人可用他去帶動其他員工的行為舉止。

　　至於那些溫柔和順的員工缺乏強盛的氣勢，他們去體會和研究道理會非常順利，但要他們去分析疑難問題，就拖泥帶水，一點也不乾淨俐落。這種人可委託他執行上級命令辦事。

　　那些喜歡標新立異的員工瀟灑超脫，喜歡追求新奇的東西，在制定錦囊妙計時，他們卓越的能力就顯露出來了，但要他清靜無為，就會發現辦事不合常理又容易遺漏。這種人可從事創意性工作。

　　性格正直的員工缺點在於斥責別人而不留情面；性格剛強的人缺點在於過分嚴厲；性格溫和的人缺點在於過分軟弱；性格耿直的人缺點在於拘謹。這四種人的性格特點都要主動加以克服。所以可將他們安排在一起，藉以取長補短。

　　總之，如何做到先知人後用人，是考察現代企業上司是否合適的重要環節。當然，真正有頭腦、有眼光、有膽識的現代企業上司就應該能夠做到知人善任，從而使企業的發展有秩序的進行。

適當加壓，「進化」不求上進員工

　　在企業中，往往有好多人得過且過，不思進取，就個人而言主要原因有兩點：一是沒有進取心，缺乏主動工作的動力；二是沒有壓力，做不做都一樣。其實每個人都有很大的潛能可挖，關鍵是看有沒有一個逼他成才的上級。

　　台塑集團中的傳奇人物王永慶曾說：「賦予一個人沒有挑戰性的工作，是在害他。我覺得人的潛能是無窮的，給予沒有挑戰性的工作，這個人的潛能根本無從發揮，他的一生就完了！」

　　他認為，傑出的人才只有在強大的壓力下才會培養得出來。所以，上司不妨給員工施加點壓力，「逼」他進步。

　　事實上，那些不思進取的員工，並不是沒有實力，只是懶得投入，或者是本身對自己的才能都認識不足，只甘願平平淡淡或者是程序化的工作、生活，唯有適當的給他

們加壓，才能讓他們運作起來，才能挖掘出他們潛在的「發光點」，不僅可以完成具有挑戰性的任務，還能讓他們充分認識到自己的能力，在以後的工作當中更有創造性，獨挑大梁。

正如下面例子中的劉文景，原本工作成績一般的他，在壓力下創造出了更為優異的業績，讓朋友們都刮目相看。

劉文景以前在一家雜誌社工作時，寫作水準和工作能力均屬一般。移民新加坡後，不到一年時間，就取得了傲人的業績。

原來，他來到新加坡後應聘到一家公司打工。公司老闆了解到他是大學中文系的畢業生，又從事過寫作教學，便安排他去創辦一個企業雜誌，集採訪、編輯、校對、發行於一身。

劉文景從未辦過刊物，其壓力之大，可想而知。為了不辜負老闆的信任和期望，他只有不遺餘力地拚命工作，邊學邊做，邊做邊學。就這樣，他終於成功地將雜誌創辦出來，一年之中出了四期，贏得了讀者的稱讚，也贏得了老闆的讚賞。

同樣一個人，為何僅僅換了一個環境，就變了一個人

似的？他的好朋友好奇地詢問他，劉文景說：「這得感謝公司老闆對我的信任和壓力。如果沒有肩上這個沉重的擔子，沒有生存的壓力，我不會拚命去學，拚命去做。」他笑了笑說，「本事是被逼出來的。」

可見，一個人的潛能是非常大的，適度加壓，有助於將這種潛能釋放出來。權威研究也表明，壓力是培養人才的催化劑，在一個整天無所事事的環境中工作，非但不能造就人才，反而使人才變為庸才加速人才老化。

常言道：棍棒底下出孝子，同樣，壓力底下出人才。所以，身為上司應敢給員工壓力，讓他們歷經磨練。

王永慶在臺灣是一位家喻戶曉的傳奇人物，他把台塑集團推進到世界化工工業的前 50 名。幾十年來，全球化工行業一直把王永慶尊為「經營之神」，其經營之道更是備受推崇，很多臺灣企業家都將王永慶的管理經驗當作最為實用的「教科書」。

可以說，台塑公司王永慶所取得的成功，全賴於其成功的管理模式，而「壓力管理」是台塑最為突出的管理經驗。

王永慶曾苦口婆心地教導志明工專的學生：「完成專科教育，只能為你們奠定做事的基本能力，你們要認清這一

點。踏出校門之後，要有決心接受三年的辛苦磨練，唯有如此才能有成就。如果在座每位都能這樣做，我相信成功會屬於你們。因此，我奉勸各位考慮去接受具有相當壓力的工作環境，在這種環境中，才能真正鍛鍊出你的本事；否則，即使你懂得必須吃苦，有意接受磨練，可是在工作相對輕鬆壓力較小的環境中，任何人都難免因為處於安逸之中而逐漸放鬆，終究毫無成就。」

　　王永慶不但擅於教導別人進入有壓力的環境中接受挑戰，而且更擅於營造充滿壓力的環境。

　　王永慶的壓力管理，從員工剛進企業的第一天就開始了。他規定新員工不論身分、學歷，都要先到基層現場學習6個月，並接受訓練。目的是為了培養員工：獨立思考、解決問題的能力，並改變他們的固有觀念，以盡快適應企業發展的需要。

　　如果你以為這6個月的訓練不過是個形式而已，那麼你就大錯特錯了。員工在訓練期間的每項要求都要進行考核，而且每週一次，考核結果要列入今後的人事考核檔案，因此受訓期間，他們的壓力很大，筆記達數十公斤。為準備考試，他們常常要溫習功課至深夜，絕不亞於大學考試準備時的緊張氣氛。

　　除準備每週的考試外，還要撰寫心得報告，以備結訓典禮上「綜合檢討會」的抽查。綜合檢討會是由王永慶親自主持的，會上他要當場選 10 〜 15 名學員上臺發表心得與感想。聽完報告後，王永慶當場加以評定。

　　因為是王永慶親自主持，學員們都是既怕被抽選，一旦失誤，以後再想出人頭地恐怕就難了；同時又希望被抽選，好顯示自己的才華。所以直到「綜合檢討會」結束他們的心都一直懸著，無時無刻不在和自己的情緒作鬥爭。

　　「人無壓力不進步，井無壓力不出油」。正是給了這些適當的壓力才使得他們能更快的適應企業的需要，懂得自己的奮鬥目標，這正是王永慶最為看重的。

　　如果你認為員工所受的壓力到此該告一段落了，那麼你就又錯了。他們的壓力不過才剛剛開始。為了使每一階層的就業人員都有緊迫感，王永慶採取的是「中央集權」式的管理。

　　他以台塑總管理處作為運籌帷幄的指揮中心，下設 16 個事業單位。這 16 個事業單位是指各總經理室及採購部、財務部、營建部、法律事務室、祕書室、電腦處。

　　總經理室下設營業、生產、財務、人事、資材、工程、經營分析、電腦部，共 8 個組。這有如一個金剛石的

分子結構，只要頂端施加壓力，自上而下的各個層次都會產生壓迫感。

其實一般的企業都處於老闆推一步員工走一步的被動狀態，但台塑不一樣，台塑企業相當「老闆」級的幕僚便有 200 多個，其結果可想而知。這些幕僚兢兢業業地扮演著王永慶的「耳目」，他們傳達著他的命令，貫徹著他的指示，嚴密監管著壓力考核施行後的成效。

在王永慶的壓力管理中，最著名的當屬台塑的主管人員最怕的「午餐彙報」。王永慶每天中午都在公司裡吃一盒便當，用餐後便在會議室裡召見各單位主管，先聽他們的報告，然後提出很多犀利而又細微的問題。

由於他記憶力非常好，精力過人，又喜歡追根究底，員工們一不小心，往往會被他逼問得非常難堪。主管人員為應付這個「午餐彙報」，每週工作時間不少於 70 小時，他們必須對自己所管轄部門的大事小事十分清楚，對出現的問題做過真正的研究分析，才能順利「過關」。

由於壓力太大，工作又十分緊張，台塑的很多主管人員都患有胃病，醫生們戲稱這是午餐彙報後的「台塑後遺症」。

也許你會說王永慶對自己的員工真是夠苛刻的，但他對自己比對員工的要求還要嚴格。他每週的工作時間在

100 小時以上，他對企業運作的每個細節都瞭若指掌，這簡直讓人難以相信。

曾有外國記者這樣評價王永慶：「他的行事手段近乎殘忍，祕訣是對工作細節和工作時間毫不留情地苛求，他手下管理人員若換成西方人，恐怕早被他折磨死了。」但是王永慶為此舉了一個例子：臺灣每年都有大專院校的畢業生到美國留學，累計總人數不下數十萬。

這些人當中，有相當一部分留在了美國，他們有開診所行醫的、有從事教育或研究工作的、也有涉足企業管理的。三個領域中，從事前兩項的都有突出表現，唯獨後者表現平平。

原因何在？他接著加以分析說：學醫者，由於美國對於醫師的教育和訓練十分嚴格，留學生在這種環境的逼迫下，自當勤於學習，因此大多數都能成為優秀的醫學人才。

從事教育和研究工作者，與行醫者際遇極為相似，同樣是因為美國的環境有一股迫使其非認真不可的壓力，因而表現出色。

至於在美國從事企業管理工作，情況恰恰相反。雖然攻讀工商管理的人頗多，不少人拿了博士或碩士學位，但

是，由於他們不願意從基層做起，美國社會又沒有壓力讓他們非從基層做起不可，導致美國的大企業不愛用留學生，而留學生則無從吸收美國企業管理的精華，空有一個高學歷，卻無所建樹。

由此可見，壓力不但空有激發一個人的潛力，而且是造就一個傑出人才的必要條件。在這一方面，日本東芝就採取了適當的壓力管理，讓員工有一定的負擔，激發員工努力獻身的精神，並且培養人才。

日本東芝株式會社社長土光敏夫在總結企業用人方面的成功經驗時，對這種「壓力管理」推崇有加。他認為，當一個人能挑 50 公斤，而你只給他 30 公斤或 20 公斤時，不僅其能力難以發揮，而且會使他感到你不信任他，從而喪失積極性和主動性。

而當承擔的「重量」超過他的負荷能力時，便會使他全力以赴，想方設法地提高自己、克服困難。更重要的是，被委以重任者會因此感受到上司對他的信任，從而激發出「士為知己者死」的獻身精神，不遺餘力地做好工作。

正是憑著這種用人理念，土光敏夫為東芝公司培養了一大批人才，為東芝的成功奠定了基礎。

身為一名上司，如果你能合理的掌握員工承受壓力的

能力，適當地給他一定的壓力，他一定會在你的「緊逼」下，進步神速。但是，加壓員工必須適當，太重的壓力反而會讓員工難有動力。所以，要注意掌握壓力的大小和尺度。

在實踐中，有的上司對施加壓力的方法、尺度常常掌握不準。有的上司總是擔心「嫩扁擔」挑不起大梁，能挑30公斤的，只給15公斤。這樣不願給任務，不想壓擔子，只會使人才永遠長不大；反之，有的上司則不切實際，將遠超過員工能力範圍的重擔一股腦兒地壓上去，且只施壓，不幫忙，丟下一副擔子便袖手旁觀。這種「壓擔子」到頭來只能把員工壓垮。

人不是機器，他的心理和生理的承受量是有限的，因此，如果上司不管員工的死活，一味地加壓，過猶不及，很可能員工就被壓得沒有彈性了，不但員工的能力得不到提升，還會有損兵折將的危險。

同時，也要注意勞逸結合，要適時為員工提供度假和休息的機會。員工能從充實的工作中得到快樂和成就感，但為了進一步促使其激發熱情，還要對其體力和精神適當投資。適量的休息機會既能提高員工的工作效率和工作熱情，又能為上司樹立起仁慈的形象。

　　從某種意義上說，壓力就似一把雙面刃，用得恰當，可以促員工成才；用得失當，則會適得其反。因此，身為一名優秀的上司要懂得掌握好施加壓力的尺度。

擅於觀察，揭穿員工的表裡不一

　　正所謂「知人知面不知心」。外有所感於物雖同，內有所觸於心則異；人之表裡未必如一，因人心不同，各如其面：有諸內者，未必形諸外，顯乎外者，未必存乎內。所以，孔子說：「吾以言取人，失之宰予；以貌取人，失之子羽。」

　　孔子說：「知人不易，人不易知。」為什麼知人不易？這是因為人的外表和內心往往是不一致的。有的人擅於隱藏自己，把私心掩蓋起來而顯出公平的樣子，把邪惡裝飾成正直的樣子，去迷惑別人。這些人的奸惡之所以難以辨識，是由於有正直、忠誠、善良的外表作掩護。

　　然而，事實上，圍繞在上司身邊的人很多，可以說良莠不齊，用心各不相同。如果不注意選擇和鑑別，很有可能會被一些別有用心的「小人」所蒙蔽。小人成事不足，敗事有餘，不可掉以輕心，否則到頭來，自己反遭其暗算。

「小人」可以說在古代有著許多的典範。漢光武帝劉秀身旁的龐萌便是其中的典型例子。

龐萌在劉秀面前表現的恭敬、謹慎、謙虛、順從，劉秀便以為龐萌對自己忠心耿耿，公開對人讚揚龐萌是「可以托六尺之孤，寄百里之命者」。

其實龐萌是個很有野心的人。他向劉秀表忠，暗裡伺機而動，當軍權一到手，便勾結董憲跟他一起奉命攻擊蓋延。最賞識的人背叛了自己，劉秀氣得發瘋，雖然後來將龐萌滅了，但是他由於知錯人而遭到的巨大損失是無法彌補的。劉秀之失，失在鏡中看人，被龐萌的假忠誠迷惑了。

所以，身為上司更要懂得一點識人觀相的用人本領，一定不要被員工外在的表象所迷惑，要學會透過表象辨認其內在本質。否則就會因為看錯人、用錯人而造成巨大的損失。

識才者得天下，要想得到人才，就得先會識別人才。識別人才方法之多，數不勝數。但從細微之處來識別一個人的品性才華，無疑是一種準確、快捷且低成本的方法。因為生活中的細枝末節，最能體現人的內在與外在是否一致和自身的修養，而這恰恰會決定一個人日後的成就。同

理，上司也要從平時這些細微之處發現身邊表裡不一的小人，及時處理，及時解決隱患。

身為一名上司，要鍛鍊出自己識人知人的本領，做到既能發現自己身邊的小人，又能發掘出身邊的人才。古代晉國重臣文子識人的故事，或許可以更許多更多的啟迪。

晉國重臣文子，有一次因為被案情牽連，匆忙逃命，在慌亂中逃到了京師外的一個小鎮。跟隨他逃亡的侍從說：「統領此鎮的官吏，曾經出入大人您的府邸，可視作親信，不如我等先到他家略坐休息，待行李到來，再行趕路如何？」

「不可，此人不可信賴。」

「何故？他曾親密地追隨過大人……」

「此人知我喜好音樂，即贈我名琴；知我喜好珍寶，即贈我玉石。像這種不用忠告方式而以寶物博取別人歡心的人，如我前去投靠，必被他獻給君王以邀功無疑。」

於是，文子不敢稍作停留，連行李都顧不上，繼續趕路。

文子的看法果然沒錯，後來此人將文子的兩車行李攔截下來，獻給君王邀功。文子也因為看人準確而躲過一難。

也是在戰國時，魏國將軍樂羊率兵攻打中山國。當時，樂羊之子正棲身於中山國，於是中山國將樂羊之子殺死，並做成肉湯，送到圍在城外的樂羊軍隊陣營當中。

樂羊面不改色地將肉湯喝光。

魏王聽到這個消息，感動地說：「樂羊竟為我吃下自己兒子的肉！」

後來，樂羊打敗中山國凱旋，魏王雖然犒賞他的戰功，但從此不再重用他。他說：「一個連自己兒子肉都敢吃的人，還有誰的肉不敢吃？」

識人的不二法門就是要事事留心觀察，時時睜大雙眼，從別人不留意的細微之處來考察、辨別一個人是否是人才。

由此可知，這些表裡不一的小人物大則能禍國殃民，小則能煽風點火、搬弄是非、貪財害命，身為一名上司，要能夠看清小人的嘴臉，並且做到及時的處理。尤其是對那種嘴甜、心細、臉皮厚的「勢利眼」，上司光憑自己的眼睛很難識破他們，因為這些人很會偽裝自己。只有多聽取群眾的反映，才能看穿這種人的真面目。

這些「勢利眼」，擅於察言觀色，臉皮很厚，把自己當成商品，在工作上也愛討價還價，要求上司給他們晉升或加薪；或者在工作上不安分，但卻熱衷於拉近和上司的距

離，不願憑工作成績得到上司的重用和提拔，只想透過和
上司的私人關係撈到好處。對於這種人，就要像下面例子
中不能重用。

趙元明當總經理時，公司裡有一位高層職員經常到趙
元明家裡拜訪，對趙元明極盡討好之能事。而當趙元明下
臺，王浩當上總經理時，這位職員馬上到王浩家裡送禮，
並數落趙元明的不是，將王浩捧為最英明的上司。王浩聽
了群眾的反映，果斷地將這位職員冷落在一邊。這位職員
就屬於那種勢利小人，不能重用。

古人云：「事之至難，莫如知人最難。」正如姜太公所
說：「人有看似莊重而其實不正派的；有看似溫柔敦厚卻
做盜賊的；有外表對你恭恭敬敬，可心裡卻在詛咒你、蔑
視你的；有貌似專心致志其實心猿意馬的；有表面好像忙
得不可開交，實際上一事無成的……」凡此種種，都是人
的外表和內心不統一的複雜現象。

就現實工作中的現象來說，在辦公室埋首工作的人，
未必就是積極工作的人。誰知道他在做什麼呢？他可以大
寫情書，計算一下股價……淨是做些跟工作無關的事。假
如你把他揭穿了，他大可托詞在學習某一個軟體，為公司
節省培訓經費。

　　所以，身為上司要學會去擅於觀察，揭穿員工的表裡不一。識人就是要擅於觀察。其中察色之所以能知人，是因為人的心氣雖然隱藏在內心深處，但仍可以透過人的臉色去掌握。

　　真正聰慧的人一定會表現出難以言說的神色；真正仁厚的人一定有值得尊重的神色；真正勇敢的人一定具有不可威懾的神色；真正忠誠的人一定具有剛直不阿的神色；真正高潔的人一定具有難以玷汙的神色；真正有節操的人一定具有值得信任的神色。

　　質樸的神色正氣凜然，堅強而穩重；偽裝的神色游移不定，煩躁不安。這就叫做「察色」。

　　透過面談的方式，可以讓上司更確切地了解員工。荀悅說：「觀察人的技術是：如果發現一個人的言行並不合乎道義，但他很會討人歡喜，那麼這個人一定是奸佞之徒；如果其言行雖然不一定能讓自己高興，但卻合乎道義，這樣的人必然是正人君子。」這也是知人的一種辦法。

　　裕隆汽車集團董事長林信義對這些道理就深有理解。

　　林信義平日擅於利用面談來了解員工，他說：「無論你跟員工講東還是講西，他都完全附和你，這種人最好不要放在重要職位，他只是一個執行者。他會把你的交代做得

很有效率，但錯的方向也做得很有效率，所以他不是可以獨當一面的人。」

事實上，透過考察來觀察員工是否表裡如一，是否會對企業造成不良的影響也是一個有效的方式。晉朝的傅玄說：「聽其言不如觀其事，觀其事不如觀其行。」上司用人也應遵循這句話。

有的員工總是侃侃而談，卻沒有真才實學，上司不要被他的花言巧語所蒙蔽。要真正了解一個人，必須把他在一段時間內的各種表現結合起來，綜合地考察，才能深知其本性。

比如說，透過他到遠方辦事，考察他是否忠心；透過在眼前辦事，觀察他是否盡職；讓他從事繁雜的瑣事，看他有沒有調解繁雜事務的能力；透過設一個「局」，可能是一個有針對性的工作任務，也有可能是一次外界的社交活動，從完成的結果看他是否言行一致等。

古人云：「寧可終歲不讀書，不可一日近小人。」充分說明古人對小人，是多麼的深惡痛絕。事實上，大到一個國家，小到一個職位，只要有小人存在，就會雞犬不寧。

因此，上司尤其要識破身邊小人的「毒招」，不給小人可乘之機，從而保持好企業良好的風氣。

投其所好，合理分配「怪才」員工

任何一個企業裡，都不乏「怪才」，他們脾氣怪異，與常人顯得格格不入。多數人都願意與健全性格的人打交道，不喜歡與性格怪異的「怪人」打交道，上司也不例外。

但是「怪人」通常蘊藏著常人所不具備的才能，他們之所以表現的「怪」只是他們一些缺點性格的表現，這並不表明他們的能力就很差，所以上司應摒棄世俗的觀念，巧妙利用怪人，往往會收到意想不到的效果。在三國時期的龐統便可謂是一個怪人，但卻有著經天緯地之才。

三國時的龐統，不僅面貌怪異，而且性格也與常人不同。諸葛亮知道他才學滿腹，所以把他推薦給劉備。但是劉備不僅不能接受他那醜陋的相貌，而且也接受不了他那怪異的性格。所以劉備只給他了一個不太重要的官職。

但是龐統的怪異中有著超常的才能。他知道劉備只讓他做縣令，是瞧不起他。所以上任後，整日睡覺、飲酒，不理政事。這樣混了三年之久。後來這事讓劉備知道了，便讓張飛等人去檢查他的工作。張飛責備龐統有負劉備主公的旨意。

這時龐統就拿出了自己的本事，一天內處理完了全縣

三年內積壓起來的訴訟案，表現出了超常的才能。劉備知道此事，明白自己小看了龐統，於是立即把龐統提拔到了更為重要的職位。

一般來講，性格的怪異多數是由於其內在的天賦異稟造成的，這特異的才能使他們做事一般不守常規，而是表現出超常性，所以才顯得「怪」。日本索尼公司就很懂得利用企業裡的「怪才」，並且因此而獲益匪淺。

日本的索尼也曾因選用「怪才」，而創下輝煌業績。最早的索尼電腦在市場上遠遠落後於人，只有及早拿出新產品、新設計，才後來居上。按常規，讓科研部門研製新產品至少需要兩年時間，顯然不利於市場競爭。

於是索尼上司做出出人意料的決定，在企業內進行公開招標。結果三位被認為「怪才」的員工中標。儘管不少人反映，他們自尊心太強，點子太多，清高而不合群，但索尼的管理者卻放手讓他們「組閣」，課題、經費、時間、設備一切他們自主決定。

結果只用了半年，索尼的微型電腦便出現在商店裡，其性能高於同類產品，價格卻便宜一半，索尼占據了大片市場。一年以後，索尼又推出高速度大型電腦，其研製速度令其他電腦公司大為驚訝。

這就是使用「怪才」所獲得的奇效。對於這一點，日本的本田公司也擅於利用員工的一些特有的個性來分配工作，發揮非常好的效果。

日本的本田技術研究社，就專門招收個性不同的「怪才」。本田的職工一般分為兩類人：一種是「本田迷」，即對本田車喜歡到入迷的程度，這些人不計較薪資待遇，而是想親手研製、發明或參與製造新型本田車，他們熱衷於為其所熱愛的東西奉獻；一種則是一些性格古怪的人才，他們愛奇思異想，愛提不同意見，或熱衷於發明創造。

本田在對員工委託工作的時候，從來都是只提出高目標，至於如何達到，讓那些怪才們自己去想辦法。在美國獲汽車設計獎的本田新車型，都是那些被視為「怪才」的人發明的。

有一次，公司在招收優秀人才時，面試官對兩名應徵者取捨不定，向本田請求指示。本田宗一郎隨口便答：「錄用那名較不正常的人。」

本田宗一郎認為，正常的人發展有限，「不正常」的人反而不可限量，往往會有驚人之舉。這種用人方法對本田公司創業不到半世紀，就發展成為世界超級企業起了相當大的作用。

孔子曰：「赦小過、舉賢才。」不糾纏於枝節，不要眼睛老盯著員工的不足、過失，而要有寬大的胸懷和「肚量」，擅於容忍、原諒他們的弱點、過錯，如果以求全責備的眼光去看待人才，那麼世界上就沒有一個可用之才了。

身為上司，不能只盯著某些人的缺點，尤其是那些「怪才」本身就將自己的缺點暴露出來，如果上司只盯著這些缺點而不去發現、利用這些人的優點，那麼最終受損的也是上司甚至是企業。美國總統林肯，就曾經因此事而吃過虧。

美國南北戰爭時期，林肯「無缺點」的將軍總是敗在南方「有缺點」的將軍手下，南方軍首領李將軍手下的每一位將領，每個人都有各自嚴重的缺點。但是李將軍認為，這些缺點不礙大局，他們每個人也都各有所長，李將軍所用的正是他們的特長，使這些特長無限放大。

上司應該懂得「駿馬行千里，犁田不如牛；堅車能載重，渡河不如舟」的道理，是不是可用之才，關鍵看你能否正確看待其缺點和優點。同時，每個員工的個性不同，擅長的專業也不同，這也使得在企業的內部各項工作都能夠找到合適的人選，使得各項工作得以正常的運行。

「怪人」對問題一般都有自己的看法，因此個性都比較鮮明。

有的愛苛求挑剔；有的是「易燃」脾氣，動不動就發「火」；有的內向深沉，城府頗深……所以上司要使用「怪人」，必須要有寬闊的胸襟。並且重視這些「怪人」的能力，在有些方面可以是睜一隻眼閉一隻眼，不拘泥於小節，充分利用他們的特長與才能，才能發揮最好的效果。

如果上司只是一味地依照個人的標準去約束自己的員工，只能使得整個企業變成管理者獨自思考的產物，員工的特長也將會被抑制，甚至是埋沒。尤其是那種本身就有很明顯缺點的「怪才」，如果不懂得去發掘和利用他們特有的才能，必然會因這些人明顯的缺點而將他們「打壓」下去。

因此，身為上司，不應該時刻只盯著這些「怪才」的缺點不放，更應該去深究他們真實的本領並合理的利用起來。

在企業裡，員工擁有不同的學識、才幹、天賦和不同的思維方式，只有包容員工多樣化的差異性，營造寬鬆的環境，才能讓所有員工的特長得以發揮。

用其所短，對抗「難纏、難管」之人

　　古語說得好：「水至清則無魚，人至察則無徒」。如果上司想要找到「各方面都好」的員工，只有優點沒有缺點的人，結果可能只能找到平庸的人，或者乾脆只能做孤家寡人。

　　強人也有較深的缺點，有高峰必有深谷，誰也不能在十項全能中都強。與人類現有的博大的知識、經驗和能力相比，即便是最偉大的天才都不及格。其實世界上本沒有「全能」這個概念，問題是「能」在哪方面。

　　中醫使用的草藥都是草，在一般人看來不值分文，在專業人員的眼中卻能治病救人。俗話說：「不懂是草，懂了是寶。」知人也同此理。任何人都有其長處亦有其短處，從長處看，沒有無用之才；從短處看，人人難逃平庸。

　　所以，身為上司對員工的長處要睜一隻眼，對其短處不妨閉一隻眼。而身為一名聰明的上司，就應該更懂得去合理的利用員工的短處，如此才能識出真金。

　　下面的這個故事中正因為合理的利用了員工的短處，反而取得了不錯的效益。

　　在一次工商界的聚會中，一位老闆對一位成功的企業

家說：「我手下有三個不成才的員工，做事總是不能讓人滿意，常常出狀況，我正準備找個理由將他們給辭掉。

「為什麼要這樣做呢？他們為什麼不成才？」這位成功的企業家問道。

「一個整天嫌這嫌那，專門吹毛求疵，找別人的不是；一個整天杞人憂天，老是害怕工廠有事，不安心做事；另一個渾水摸魚，整天在外面遊蕩鬼混，不務正業。」成功企業家聽後想了想，就說：「既然這樣，你就把這三個人讓給我吧！」

第二天，三個人到新公司報到，新老闆開始給他們分配工作：喜歡吹毛求疵的人負責管理產品品質，做質檢員；害怕出事的人負責安全保衛系統的管理，做工廠的保安；喜歡渾水摸魚、整天在外面跑來跑去的人負責商品宣傳，做產品宣傳員。

三個人一聽，職務的分配和自己的個性正好相符，不禁大為興奮，興沖沖地走馬上任。他們各司其職，各盡其責，發揮出不可估量的作用，使得工廠的效益不斷增加。

正如上述故事中的那位老闆一樣，有些上司總喜歡拿放大鏡來看員工的短處、缺點，工作中出了問題也習慣歸咎於員工無能，抱怨自己的員工不夠優秀、不夠稱職，總

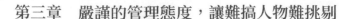
認為別的部門或者別的公司的員工如何敬業、如何能幹。

其實，如果過多地關注和放大員工的缺點，將其冷落一旁而不予重用，這些員工便會以更加狂妄和負面的態度進行抗爭，於是上司便感覺自己對員工這個缺點的推斷果然是正確的，便更加冷落和打壓這些員工，這些員工實在無法忍受，便毅然選擇造反或跳槽。殊不知如果當初不戴著放大鏡來審視員工的缺點，那麼這些員工其實原本可以成為棟梁之材。

下面例子中，正因為鄭所長利用了員工的缺點，不僅解決了員工的「難纏、難管」，而且還讓其對部門的工作作出了更大的貢獻。

莫志魁是某稅務所出了名的「難纏、難管」之人，和他共事的同事都知道，辦公室裡的老莫工作上「吊兒郎當」，大家都簽到上班了而他還在睡懶覺，或是簽到了卻找不到人，打電話給他不是關機就是電話無法接通。為此，老所長拿他也沒辦法，苦口婆心地勸過他，嚴厲訓斥過他，可老莫還是照舊。每個月的考核，他分數總是最低，有時甚至扣了薪水，可他好像一點也不在乎。

後來老所長退休後，新來了一位知人善任的鄭所長，對老莫「難纏、難管」的表現有所耳聞，在安排工作時，

有意安排他去處理一起抗稅事件。那家抗稅戶是一位劉姓老闆，自恃有後臺，態度非常蠻橫，稅務所去了很多工作人員到他家都被拒之門外，還破口大罵，態度十分惡劣。

老莫去了以後，三番五次跑到劉老闆家裡交涉，還請了一幫兄弟們去助陣。軟硬兼施之下，劉老闆服了軟，不但補交了稅款，還交了三倍的罰款。

這個用人之短的範例說明，只要上司明智引導，合理使用，短處同樣可以有「亮點」。其實古今中外，善用人短者不乏其人。

唐朝大臣韓滉一次在家中接待一位前來求職的年輕人，此人在韓大人面前表現得不善言談，不懂世故，脾氣古怪，介紹人在旁邊非常尷尬，認為他肯定無錄取希望，不料韓滉卻留下了這位年輕人。

因為韓滉從這位年輕人不通人情世故的短處中，看到了他鐵面無私、剛直不阿的長處，於是任命他為「監庫門」。年輕人上任之後，恪盡職守，庫虧之事極少發生。

可見，用人的高超之處，不僅僅在於擅於用人之長，更在於巧用人之短，把自己的每位員工都能安排在最合適的職位上，正如唐朝大臣韓滉一樣。

王偉也巧妙地利用了員工的缺點而解決了自己剛上任

的一個棘手問題。

剛剛晉升的王經理，一上任就碰上一個難題。有一個員工是董事長夫人介紹過來的，為人比較愚鈍，整天什麼話都不說，老實敦厚。

但他很遵守時間，並忠於職守，但由於不愛講話，也不會請教別人，工作總是完成的不好。因為他是個關係戶，所以不能隨便炒掉。可為了安排他，王經理真是傷透了腦筋。

讓他在公司閒著沒事，還要照發薪水，別的員工肯定有意見；給他工作，整天一句話都沒有說，什麼也做不好。

這時單位在建工地的倉庫需要有人去看管。但由於工作太枯燥，誰也不願意去。而原先看管的人，卻耐不住寂寞，經常跑出去聊天。於是，出於無奈，王經理只好派此人前往。

沒想到，這位員工在這個職位上做得挺好。這個職位只需要面對建築材料，根本用不著說話，而此人的盡忠職守、誠實恰恰正適合這份工作。

人才，不等於全才，管理者不能認為，是金子放在哪裡都會發光。金子是死的，他沒有生命，而人才是活生生的。一粒飽滿的種子，只有在肥沃的泥土中才能茁壯成

長，如果你把它種在貧瘠的土地上，即使這粒種子的品質
再好，也難以茁壯。

　　員工身上的缺陷不可避免，只要你多動腦筋，巧加利
用，員工的缺陷也是一種美！松下電器公司副總經理中尾
哲二郎就是松下先生善用人之短的成功例子。

　　中尾原來是由松下公司員工的一個承包廠僱用來的。
一次，承包廠的老闆對前去視察的松下幸之助說：「這個
傢伙沒用，盡發牢騷，我們這裡的工作，他一樣也看不上
眼，而且盡講些怪話。」

　　松下覺得像中尾這樣的人，只要給他換個合適的環
境，採取適當的利用方式，愛發牢騷、愛挑剔的缺點有可
能變成敢堅持原則、勇於創新的優點，於是他當場就向這
位老闆表示，願讓中尾進松下公司。

　　中尾進入松下公司後，在松下幸之助的任用下，果然
缺點變成了優點，短處轉化為長處，擁有旺盛的創造力，
成為松下公司出類拔萃的人才。

　　用人之短，不僅需要有膽，更要有識。有識就是要對
缺點和毛病進行分析，區分出哪些缺點是可以轉化為優勢
的，放在哪裡才能轉化為優勢。如果缺乏分析，勢必會盲
目，結果會適得其反，事與願違。

諸葛亮明知馬謖有短，照樣用馬謖守街亭，結果聰明一世，糊塗一時，導致街亭失守。這是用短的一個慘痛教訓，每一位上司應記取。

只要利用得當，短處也可以變成長處。身為上司，關鍵在於知人善任，讓每一個人的潛能都有機會最大限度地發揮出來。

金無足赤，人無完人。任何人有其長處，就必有其短處。

有的人性格倔強，固執己見，但他必然頗有主見，不會隨波逐流，不會輕易附和別人意見；有的人辦事緩慢，但他辦事通常有條有理，踏實細緻；有的人性格不合群，經常我行我素，但他可能有諸多發明創造，甚至成績斐然。

人的長處固然值得發揚，而從人的短處中發掘出長處。由善用人長發展到善用人短，這就是用人的最高境界。

用其所短，對抗「難纏、難管」之人

官網

國家圖書館出版品預行編目資料

權威領袖！上司仗勢，下屬重視：杜絕搞小團體、挖掘無用人才、壓制搞事員工、合理分配怪才，27 招主管馭人術，從此用人不受拘束 / 郭繼麟編著 . -- 第一版 . -- 臺北市：財經錢線文化事業有限公司 , 2023.04

面； 公分

POD 版

ISBN 978-957-680-620-9(平裝)

1.CST: 管理者 2.CST: 企業領導 3.CST: 組織管理

494.2　　112003893

權威領袖！上司仗勢，下屬重視：杜絕搞小團體、挖掘無用人才、壓制搞事員工、合理分配怪才，27 招主管馭人術，從此用人不受拘束

臉書

編　　著：郭繼麟

發 行 人：黃振庭

出 版 者：財經錢線文化事業有限公司

發 行 者：財經錢線文化事業有限公司

E-mail：sonbookservice@gmail.com

粉 絲 頁：https://www.facebook.com/sonbookss/

網　　址：https://sonbook.net/

地　　址：台北市中正區重慶南路一段六十一號八樓 815 室

Rm. 815, 8F., No.61, Sec. 1, Chongqing S. Rd., Zhongzheng Dist., Taipei City 100, Taiwan

電　　話：(02)2370-3310　　傳　　真：(02) 2388-1990

印　　刷：京峯彩色印刷有限公司（京峰數位）

律師顧問：廣華律師事務所 張珮琦律師

-版權聲明-

定　　價：299 元

發行日期：2023 年 04 月第一版

◎本書以 POD 印製